主 要 编 著 人	郭振仁	彭海君	杨　静	姜国强
参 与 编 著 人	周　雯	兰红明	程香菊	杨季芳
	黄道建	綦世斌	欧林坚	
参加工作人员	林国旺	罗金福	招康赛	黄凯旋
	李　兵	蓝文陆	徐智焕	章　斌
	刘佑华	齐雨藻	李天深	陈清华
	刘明清	于锡军	覃超梅	廖　岩
	袁丽蓉	赵　肖		

前言
Foreword

　　本书介绍了 2009—2013 年由生态环境部华南环境科学研究所主持完成的科技部公益性行业科研专项"我国近岸海域环境与生态数字化实时管理系统研究与示范"(项目编号：200909046)的研究成果。尽管因特殊原因没有及时出版，但书中在海域环境与生态数字化实时管理的总体思路和系统结构、数学模拟特殊处理、多源数据同化、系统集成技术、针对目标海域的环境与生态的研究与实验方法及所得到的宝贵数据和规律性认识等方面所呈现的内容，至今仍具有很高的参考价值。

　　本项成果是集体努力和智慧的结晶。借此书出版之机，向本项目的协作单位中山大学、暨南大学及参与研究工作和本书编写的全体人员表示衷心的感谢。

　　由于作者水平有限，书中难免存在错误，敬请读者批评指正。

作者

2021 年 3 月

目 录

Contents

第1章 绪 论

1.1 水域环境实时管理技术研究与应用概况

实时管理是针对动态系统的一种科学管理手段。在现代生产实践中,实时管理的情景非常多。最典型的动态系统实时管理的例子是铁路运输系统的管理,它时刻掌握铁路网线和站点各处列车的运行状态,能及时发现任何不正常情况,预见可能产生的问题,并迅速做出反应、进行调整,防患于未然。

河流、湖库和海域等水域是分布式的动态水环境系统,如能利用现代科学技术对其实行实时管理,则可以帮助我们跟踪水环境的变化趋势,包括水质、水量、水位和生态系统等的变化,及时发现问题、给出预警,并适时采取纾缓措施或应对之策。

河流实时管理的一个典型案例是美国的田纳西河流域管理。田纳西河流域是洪涝频发的地区,且过度开发使流域环境破坏和污染问题变得严重。1933年,美国国会通过了《田纳西河流域管理法案》,并成立田纳西河流域管理局(Tennessee Valley Authority,TVA),对流域进行综合管理。经过多年的实践,田纳西河流域的管理经历了从传统管理阶段到设备开发及新技术应用阶段,再到以计算机模拟为手段的实时管理阶段,现在已经进入网络技术和仿真技术应用阶段,成为世界范围内流域管理的一个成功范例。在数据收集方面,TVA 使用了监控与数据采集系统(supervisory control and data acquisition,SCADA),搭配专用光缆、卫星微波和公用网进行数据传输,影像信息则来自SPOT 卫星等设备。TVA 还开发并集成了田纳西河流域综合管理系统(Tennessee River system)、综合污染源识别(integrated pollutant source identification,IPSI)系统以及用于决策支持系统(decision support system,DSS)的配套软件(TVA-EPRI River Resource Aid,TERRA)。其中,流域综合管理系统可以将田纳西河及其支流上的大坝、水闸和水库等信息与航运、发电、防洪减灾、水质保护、娱乐、供水等信息进行整合,实现水库和阀门的梯级联合调度,使流域开发的综合效益最大化。综合污染源识别系统则用于管理流域水质、控制水污染和进行水环境保护,通过地理信息系统(geographic information system,GIS)软件,结合地理空间数据库(包含流域特征信息以及圈养家畜可能造成的非点源污染等信息)和一系列工具包,进行污染源的识别和综合实时管理。

另一个类似的例子是美国东部的弗吉尼亚海滩市(Virginia Beach)实时管理系统。由于飓风频发,弗吉尼亚海滩市从2015年开始部署智能水传感器,并将其用于与弗吉尼亚海洋科学研究所(Virginia Institute of Marine Science,VIMS)合作开发的StormSense项目中。这是由美国国家标准与技术研究院(National Institute of Standards and Technology,NIST)资助的大数据项目,通过利用基础水动力模型、收集传感器实时数据和洪水后的众包数据,可以提前36 h预测风暴潮、雨水和潮汐引发的洪水。这种内载物联网(IoT)的水位传感器利用了VIMS所设计的TideWatch程序,具有洪水水动力建模和预测功能。在整合现有的市政地理信息系统后,在云平台上运行StormSense模型,该地区的应急管理人员可以随时随地从任何设备访问智能解决方案,并对桥梁或道路附近的洪水以及其他可用指标进行评估。另外,弗吉尼亚海滩市也与Alexa公司合作开发了一种技术,可以通过语音虚拟助手直接向居民和紧急情况管理人员提供风暴及其诱导灾害预报。

在近岸海域实时管理方面,早期同时利用野外台站和数学模型对海域进行实时监视和预警的系统当数美国的圣弗朗西斯科湾潮流与海浪预警系统。该系统利用若干潮流、潮位和波浪自动监测站的实测数据加上数学模型计算结果,为航行在湾内的船舶及其他相关的人类活动提供实时的海况报告及预告,对人们做出正确决策和避免海难事故发挥了重要作用。

英国是对海洋环境进行实时管理的先行者,英国海洋研究机构在21世纪初就建立了专门的网站,实时提供英国重要海域的固定自动站、流动监测站和数学模拟给出的海洋水文和环境数据,为政府和全社会服务。英国的上述系统中的海洋生态模拟是基于欧洲区域海洋生态系统模型(European Regional Sea Ecosystem Model,ERSEM),为此曾开展了20多年的相关研究。20世纪80年代末,为了有效保护和管理北海的水质与生态系统,北海周边九国共同出资数千万英镑,启动了北海共同体项目(the North Sea Community Project,NSP),由九国的科技工作者历时 3 个五年计划开发完成了 ERSEM 模型。在上述项目执行过程中,项目组曾投入 122 台温盐深测量仪(CTD),设计了 1 600 个采样观测点,进行了大量的区域海洋生态动力学基础研究。ERSEM 模型不仅描述了大气与水体、水体与底质、生物与介质之间的能量流及碳、氮、磷、硅等物质流和平衡关系,而且首次对底栖生物和海洋浮游生物做了一定的种群分组,可描述各生物组之间的物质流及各自生物量的变化,因此成为目前国际上海洋环境与生态模型中对生态系统描述更精细和功能最强的模型。NSP 结束之后,英国的科研人员进一步将 ERSEM 模型与三维水动力模型及野外定点自动观测台站集成,构建了先进的海域环境与生态数字化实时管理系统,对全英国重点海域实现了室内数字化实时管理。

其实,联合国环境规划署早就倡导对全球的环境质量特别是海洋环境质量进行监测、评价和预警,一些发达国家纷纷开展相关研究。美国航空航天局(NASA)于 1997 年启动的土地覆盖/土地利用变化(Land-Cover/Land-Use Change,LCLUC)研究计划、荷兰开发的复合型海岸带海洋环境-生物多样性作用管理模型(COSMO-BIO)等,都是对陆地或海洋环境实行实时管理的例子。

在我国,香港大学和香港科技大学在近岸海域环境实时管理研究方面也有相当的建树,并将近岸海域环境实时管理技术应用于近岸水产资源保护。20 世纪末,频繁的赤潮给香港的近岸水产养殖业造成了多次重大灾害。有鉴于此,香港的研究团队首先对海洋有害藻和形成赤潮的条件做了深入系统的研究,然后将气象记录和预报数据、监测的海洋动力和水质离散数据与三维水动力模型及水质模型结合起来,经过 20 年的不懈努力,建立了赤潮实时预报系统,用以跟踪已形成的赤潮,以及通过预报海域的稳定度概率,为水产养殖业者提供实时赤潮动态和可能发生赤潮的概率的预警。

以上这些工作为水域环境实时管理技术的研究和应用提供了有益的经验。

1.2 我国近岸海域环境实时管理的需求

我国多数经济发达地区位于沿海,近岸海域的环境与生态保护成为我国环保战略不可回避的重点。我国大陆海岸线总长 18 000 多千米,珠江三角洲、长江三角洲、环渤海地区都是我国经济发达地区,当前又在大力推进粤港澳大湾区、北部湾和海峡两岸地区的协同发展。过去和未来的发展已经和必将进一步给近岸海域的生态环境带来较大的压力。2010 年,我国近海四类和劣四类水质水体占23.2%，虽然近年水质有所好转，但污染状况没有得到根本扭转。近岸海域普遍受到氮、磷营养物污染，石油类、化学需氧量（COD）、溶解氧（DO）、pH、铅、铜和非离子氨等指标也不同程度超标，辽东湾、渤海湾、胶州湾、长江口、杭州湾和珠江口水质曾一度为重度污染。仅广东、广西、海南三省区污水排放入海每年造成渔业损失就达9.4亿元，相当于每排放 1 t 污水就造成渔业损失约 0.19 元。我国南海沿岸红树林 50 年内损失 56.8%，海草床曾平均以每年约9.6%的速率减少，而沿岸湿地 45 年中平均每年损失0.8%，广东、广西、海南近岸红树林、海草床和沿岸湿地的产品和生态服务价值 50 年共损失了 37.8%。另外，近岸和海洋溢油事故频发，也带来了严重的环境污染和破坏。由此可见，对近岸海域环境实施密切的实时监控以加强保护十分重要。

当前我国近岸海域环境管理技术水平却与近岸海域环境保护的需求不相适应，亟待提高。除了机制和法律法规需进一步完善外，从纯技术的角度讲，我国近岸海域环境管理还有些基本的问题没有解决。例如，花费大量投入取得的近岸海域污染排放和水质监测数据除了被用来编成公报，却没有进一步发挥效用；又如，缺乏必要的技术手段使公众和管理者对近岸海域环境有整体的和实时的了解，更不能对近岸海域水质和生态的未来演变趋势做出科学的预测，如预测人类的某些开发活动对海域生态环境的长期和累积影响，从而为发展和环境保护决策提供技术支持。因此，随着环境基础科学研究的进展和计算机与信息技术的进步，很有必要学习一些涉海发达国家对近岸海域生态环境实现数字化实时管理，确保为海岸带地区的开发和环境保护做出及时的科学决策，实现可持续发展。

研究开发相关技术，实现对我国海洋环境的数字预报和预警早已被列入国家的中长期科技发展规划。《国家中长期科学和技术发展规划纲要（2006—2020 年）》将环境列为 11 个重点领域之一，而海洋生态与环境保护则为 62 项优先主题之一，其内容为"重点开发海洋生态与环境监测技术和设备，加强海洋生态与环境保护技术研究，发展近海海域生态与环境保护、修复及海上突发事件应急处理技术，开发高精度海洋动态环境数值预报技术"。《国家环境保护"十二五"规划》指出"当前，我国环境状况总体恶化的趋势尚未得到根本遏制，环境矛盾凸显，压力继续加大"，因此要求切实解决突出环境问题，包括综合防控海洋环境污染和生态破坏，为此提出"十二五"期间须"完善环境保护基本公共服务体系"。《国家环境保护"十二五"规划》的第六部分（三）"加强环境监管体系建设"中重点强调了要加强环境预警与应急体系建设,建立预警监测系统。2009 年环境保护部颁发的《关于印发〈先进的环境监测预警体系建设纲要(2010—2020 年)〉的通知》,也要求为了"积极探索中国环保新道路,加快建立先进的环境监测预警体系,全面推进环境监测的历史性转型",须加快建设和完善环境监测预警体系。以上规划和要求成为开发和应用近岸海域环境与生态数字化实时管理技术的强大动力,也是本书总结有关工作和成果的必要性所在。

1.3 水域环境实时管理系统的核心技术与总体构成

要对水域环境实现实时管理,首先需要利用数字技术将所关心的水域水文水动力、水质与生态等多种动态分布的环境因子在计算机上进行数字化,也就是通常所说的利用数学模型在计算机上动态地模拟或仿真所管理的水域,这里自然包括 GIS 技术的利用。关于水环境数学模型的研究已有几十年的历史,国内外已开发出数十种从一维到三维的各具特色的模型,有开源的,也有商业化的。对于海域来说,当然必须采用二维或三维模型。然而,数学模型只是一个工具,要把数学模型应用于具体的水域,就必须对该水域的具体环境特征特别是生态系统的运动特性做足够的研究,并收集足够的数据输入模型,才能通过模型较好地将所关心的水域动态数字化。

环境自动监测技术是实现环境动态实时管理的另一项必需的技术,包括现场自动监测仪器的应用、卫星遥感技术或无人机监测技术的应用。部分即时的监测数据之所以必要,主要是要利用这些可能在时空上并不连续的数据来引导时空连续的数字化模拟始终与实际情况相接近。环境要素的自动监测始终是一个困难的领域,尽管不断有所进展,且现阶段针对若干环境要素已有若干仪器或手段可堪利用,但仍然不能满足需求。

实现环境动态实时管理需要的另一项技术就是数字通信技术。数字通信技术建立起环境自动监测系统和计算机模型之间的数据和信息沟通交换渠道,可利用专门的系统,也可利用公共的系统来实现。

实现野外自动监测系统和计算机数学模型之间的数据和信息交换本身并不困难,需要解决的问题是仿真模型如何能够自动地、正确地利用接收到的数据和信息,并在必要时给出反馈。这就涉及数据同化技术的应用。目前应用广泛的非线性水动力模型数据同化方法是集合卡尔曼滤波法,当然,也可以考虑把它推广应用到水质和生态模型。数据同化技术可以针对输入的实时监测数据的有限性以及模型结构和参数化不完善所带来的不确定性，对模型结果进行修正。

要将所关心的水域的动态情况乃至预报结果实时或及时地展示给公众特别是管理者，并在必要时采取应对措施，就有赖于网络技术。如果说这在 10 年前还会受到一些技术限制的话，如今的网络技术无论是速度、容量还是普及程度都能提供足够好的支持。利用多媒体技术，提供到网上的信息可以是多样的，可以是照片、视频、经过加工的图表，当然也可以是朴素的文字和数据。

水域环境与生态数字化实时管理系统的开发就是综合运用与集成环境数学模拟技术、环境自动监测技术、数字通信技术、GIS 技术、网络技术和多媒体技术等，构建一个同时包括所关心的水域实际动态变化的部分信息和在计算机里仿真出来的完整信息，并实时或及时向管理者和公众提供预警和决策支持系统。对近岸海域而言，该系统以二维或三维水动力-水质-生态耦合模型为核心，借助数字通信技术"实时"获取野外自动监测台站的水文气象、污染源等实测数据作为模型的边界条件和驱动力，并通过数据同化技术"实时"利用野外台站实测的水质与生态数据率定和矫正模型的计算结果，然后结合 GIS 技术对计算结果进行多媒体处理，最后将这些直观的海域环境信息放到网站上，有授权的远程管理者可通过网络"实时"掌握海域的环境状况与变化趋势，为环境管理和决策提供信息支持。换句话说，通过该系统，相当于把所关心的海域数字化地搬到了计算机屏幕上，从计算机屏幕上就可实时了解整个海域多方面的环境参数及其演变趋势。公众也可以通过访问网站，及时获取可以公开的有用信息。

近岸海域环境与生态数字化实时管理系统的总体构成与信息流程如图 1-1 所示。这样的环境与生态动态实时数字化管理系统一旦在我国重要的近岸海域建立，必将在海岸带开发活动的科学决策和环境管理中发挥重要作用，极大提高我国近岸海域的环境管理科学技术水平，通过实时管理和预警管理，避免盲目开发，有效保护近岸海域生态系统及其重要的生态经济价值，促进沿海地区经济的可持续发展。

1.4　本书内容安排

根据图 1-1 给出的近岸海域环境与生态数字化实时管理系统的总体构成，

本书以我国重要的典型海湾为对象,逐步介绍应用上述各项技术开发数字化实时管理系统的过程与具体工作内容。开发工作应从研究当地的生态动力学特征出发,建立真正能反映当地近岸海域生态系统运动规律的生态环境模型,接着建立当地的二维或三维水动力和水质模型并与生态模型耦合,进而将模型与野外自动监测台站及网络平台集成,从而构成能较好地仿真典型海湾环境生态过程的近岸海域环境生态数字化实时管理系统。本书所选的典型海湾为广西的北部湾和广东的大亚湾等,开发的方法、技术和完成的软件系统,可向其他近岸海域推广应用。

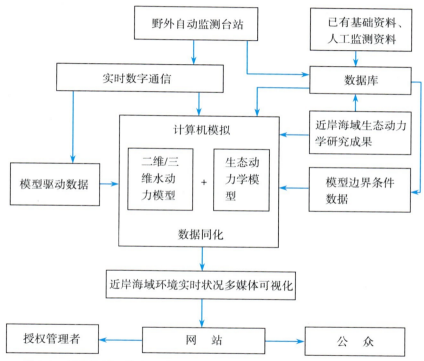

图 1-1 近岸海域环境与生态数字化实时管理系统的总体构成与信息流程

后面的章节被归入 3 个部分:第一部分是基础数据和重要参数准备,重点是当地生态动力学规律研究;第二部分介绍数学模型的建立;第三部分介绍系统的集成。主要包括以下内容。

1.4.1 当地生态动力学规律研究

深入掌握近岸海域的生态动力学规律,是建立相应的生态模型的必备工作。关于近岸海域生态动力学,国内外已有许多研究成果,但绝大部分研究成果的应用都有地域局限性。因此,要建立某一近岸海域的生态模型,必须对该水域的生态结构和生态动力学规律进行专门的研究,从而确定各种生态动力学关系和参数。

本书将介绍对示范水域开展的以下生态动力学研究工作:

——采集水样和底泥样品,分析水体物理、化学、生物因子及其变化;

——开展现场围隔实验,通过一定的人工操纵研究浮游生态系统对环境改变的响应;

——在实验室进行底泥释放实验,研究在不同环境因素作用下底泥与水体的营养交换;

——综合各方面的数据,提炼生态动力学信息与规律。

1.4.2 水动力-水质-生态耦合模型建立

水体是海洋生态系统的载体,水体中的营养物质是海洋生物的生存基础,准确地模拟水体的运动和物质运输过程是建立准确的生态模型的基础之一。在温度分层的海湾,特别是具有冲淡水造成盐度分层和含有泥沙的水体,准确地模拟水体的流动结构和水质分布是公认的难题,而温度、盐度、泥沙的空间分布也对生态系统的演变起着决定性的作用。驱动生态系统演变的动力概括地说就是进出系统的物质流和能量流,前者如输入、输出系统的营养和其他物质,后者包括光、热和水流,把这些数字化地耦合起来就形成了"活"的实时生态环境模拟系统,从而给出被模拟的水域的物理(水流、温度、盐度、泥沙、光等)、化学(水质)和生物参数分布。

本书介绍的耦合模型建立工作包括:

——建立海湾二维、三维水动力和水质数学模型并与生态动力学模型耦合;

——模型边界条件的选定及数据的获取;

——模型的率定和验证。

以上工作针对广西北部湾海域和广东大亚湾海域进行。

1.4.3 溢油跟踪预警模型建立

鉴于近岸海域海洋溢油是一种多发的危害严重的海洋污染事件,各级环境管理部门对此非常重视,近岸海域环境与生态数字化实时管理系统把溢油的跟踪预警纳入其中就显得非常必要。本书将专门介绍如何将基于拉格朗日模式的油膜跟踪技术应用到广西北部湾海域。

1.4.4　野外自动监测台站数据获取与同化利用方法

野外自动监测台站在数字化管理系统中起着眼睛、鼻子和耳朵的作用,其自动定时观测的信息包括近海物理参数、水质特别是营养参数、主要生物参数和当地气象参数。本研究选取广西北部湾作为主要示范海域,利用已建成和成功运行的 16 个海洋环境自动监测站获取海域现场动态数据;又在选定的广东大亚湾海域建设 1 个定点监测站,同时利用海洋部门建设的 3 个机动监测站,共同获取示范海域的水文气象和环境数据。

利用野外自动监测台站的数据实时地率定和矫正模型的计算结果涉及新兴的数据同化技术。本书探讨了当前科学界研究和应用的若干种数据同化技术,主要介绍自主开发的适合于所选定的近岸海域环境与生态数字化实时管理系统的数据同化技术与软件。

1.4.5　数字化实时管理系统集成

系统开发的最后一个重要环节就是将已建立起来的水动力-水质-生态模型与野外监测台站建立起联系,实现实时的数据信息沟通。野外自动监测台站实时观测的数据为模型提供实时驱动条件,同时对模型进行实时验证和修正,而模型则给出全部模拟海域环境与生态的实时状态,将其可视化处理后展示在网络上,从而集成了近岸海域生态环境数字化实时管理系统。

这一部分的主要工作包括:

——野外自动监测台站监测数据的失真检验、校验和修正方法;

——野外自动监测台站监测数据的提供与模型计算与运行的协同方法;

——数字化实时管理系统信息的 GIS 表达;

——实时监测和模拟的各种环境参数的可视化后处理;

——实时监测和模拟的各种环境信息的网络提供。

第一篇 基础数据和重要参数准备

如前所述,构建海域环境与生态数字化实时管理系统首先就是要将所关心的海域进行动态数字化,这就涉及事前大量的基础数据和模型重要参数的准备,诸如水动力和水质建模所需要的地形、水文、气象、污染源等基础数据的准备,大家都已经很熟悉,在这里就不再阐述。而要对一片海域建立起可信的生态模型并应用在管理系统中,就非要做一番具体深入的研究工作不可,只有这样才有可能正确反映该海域的理化要素与生物生态要素之间的动态关系,合理确定生态模型中的重要参数,从而抓住符合当地生态特征的主要生态过程。为此,需要在所关心的海域对水质、水动力、浮游生物、底泥营养盐、底栖生物以及它们之间的关系进行同步的观测研究和实验研究。本篇以大亚湾为例,介绍上述必需的管理系统开发准备研究工作。

第 2 章　大亚湾水质与生态观测

2.1　监测方案

2.1.1　监测目的与时间安排

两次现场监测基于不同目的：第一次为在大亚湾湾口开展项目前期研究的定点监测，定点站位于大亚湾大辣甲和桑洲之间连线的中间点附近海域（图 2-1），于 2007 年 8—10 月、12 月和 2008 年 1 月、3—4 月、7—9 月共做了 10 个测次的现场调查，分表、中、底层进行采样，以期分析关键生态过程及理化要素、生物要素间的相互作用特征，了解水质和生态要素沿水深的变化；第二次为在大亚湾全海域开展的 6 次共计 9 个采样点的大面巡航采样监测（图 2-2），时间分别为 2010 年 12 月，2011 年 3 月、6 月和 11 月，以及 2012 年 5 月和 6 月，以期掌握全海域的水质和生态要素的时空分布，为模型构建和验证提供科学依据和基础数据。

2.1.2　站位位置

两次监测站位的经纬度见表 2-1。

表 2-1　监测站位经纬度

站位编号		经度(E)	纬度(N)
大面巡航站位	S-1	114.70°	22.715°
	S-2	114.60°	22.70°
	S-3	114.55°	22.68°
	S-4	114.67°	22.62°
	S-5	114.60°	22.60°
	S-6	114.52°	22.57°
	S-7	114.63°	22.53°

续表

站位编号		经度(E)	纬度(N)
大面巡航 站位	S-8	114.71°	22.57°
	S-9	114.74°	22.59°
定点站位	DS-1	114.68°	22.58°

图 2-1　大亚湾定点监测布点图

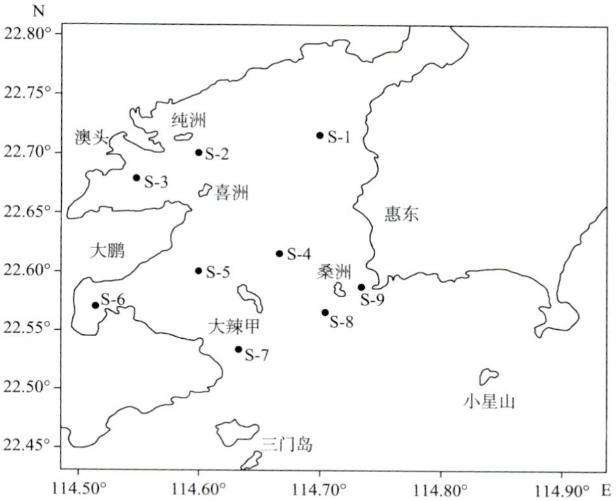

图 2-2　大亚湾大面巡航监测布点图

2.1.3 监测项目及分析方法

两次监测的项目主要有海水水质及叶绿素 a、初级生产力、浮游藻类及浮游动物等，详见表 2-2。

表 2-2 大亚湾野外监测项目

监测内容	监测项目	监测/分析方法
水质	pH	YSI 多参数测量仪
	浊度	浊度计
	盐度	YSI 多参数测量仪
	溶解氧	YSI 多参数测量仪
	COD	碱性高锰酸钾法
	磷酸盐	磷钼蓝分光光度法
	亚硝态氮	盐酸萘乙二胺比色法
	硝态氮	锌镉还原比色法
	氨氮	次溴酸盐氧化法
	硅酸盐	硅钼黄分光光度法
	石油类	紫外分光光度法
	透明度	透明度盘
	总有机碳（TOC）	TOC 仪
	溶解有机碳（DOC）	TOC 仪
	溶解无机碳（DIC）	TOC 仪
海洋生态	叶绿素 a 及初级生产力	分光光度法
	浮游藻类（种类组成、丰度与干重）	室内鉴定、质量法
	浮游动物（种类组成、丰度与干重）	室内鉴定、质量法
	底栖动物（种类组成、丰度与质量）	室内鉴定、质量法

监测严格按照《海洋监测规范》（GB 17378—2007）的相关技术要求，并从采样、预处理、前处理、测定到数据处理全过程都施行规范的质量控制。

2.2 大亚湾海域理化因子分布特征

2.2.1 大亚湾海域理化因子平面分布特征

2.2.1.1 常规理化因子

2.2.1.1.1 pH

pH 的平面分布特征基本一致,呈现出湾口高于湾内的分布趋势,但 2012 年 5、6 月的监测结果则显示出湾内高于湾口的分布趋势,这可能与降雨及地表径流的影响有关。

2.2.1.1.2 盐度

6 次监测得到的盐度的平面分布特征基本一致,高值区均集中在湾口海域及大辣甲附近海域,总体呈现出湾口高于湾内的分布趋势。

2.2.1.1.3 浊度

6 次监测得到的浊度的平面分布特征基本一致,高值区主要集中在近岸海域,尤其是澳头一带海域,总体呈现出由近岸向外逐渐降低的分布趋势。

2.2.1.2 氧平衡因子

2.2.1.2.1 DO

6 次大面巡航监测的 DO 分布趋势各不相同。秋季均呈现出湾口海域高于湾内海域的分布趋势。2011 年 6 月与 2012 年 6 月 DO 的分布趋势存在差异:2011 年 6 月呈现出湾口高于湾内的分布趋势,而 2012 年 6 月则显现出了西侧海域高于东侧海域的分布趋势。春季则出现了自湾内向湾口 DO 逐渐降低的分布趋势,高值区集中在澳头、大鹏一带海域。而冬季整个大亚湾海域的 DO 均较高,低值区出现在澳头湾内。DO 出现如此分布趋势,可能与海域的有机物分布及浮游生物的分布趋势有关。

2.2.1.2.2 COD

大面巡航监测结果显示,4 个季度的 COD 均呈现出近岸海域高于远岸海域的分布趋势,高值区主要集中在澳头、大鹏一带湾内区域(冬季的最高值区出现在桑洲以北海域)(图 2-3～图 2-8)。这可能是人类活动影响较大所致。澳头、大鹏一带沿岸人类活动频繁,大量的陆源有机物进入海洋;且该海域的网箱养殖区相对较为密集,养殖废水的排放也会导致大量的有机物进入近岸海域。

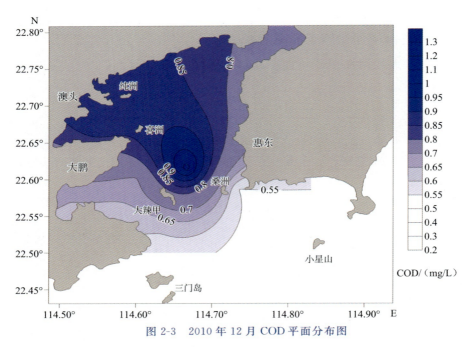

图 2-3   2010 年 12 月 COD 平面分布图

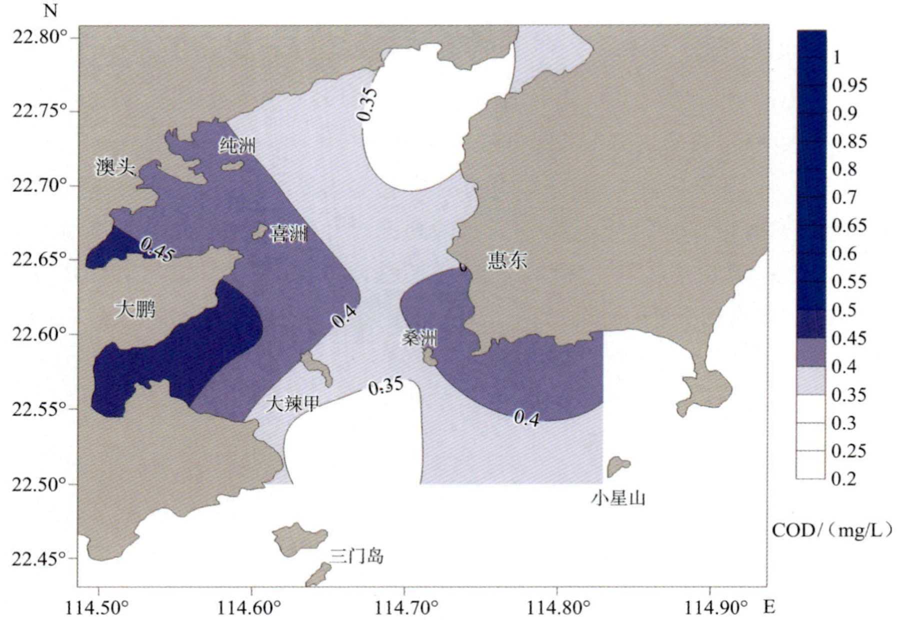

图 2-4   2011 年 3 月 COD 平面分布图

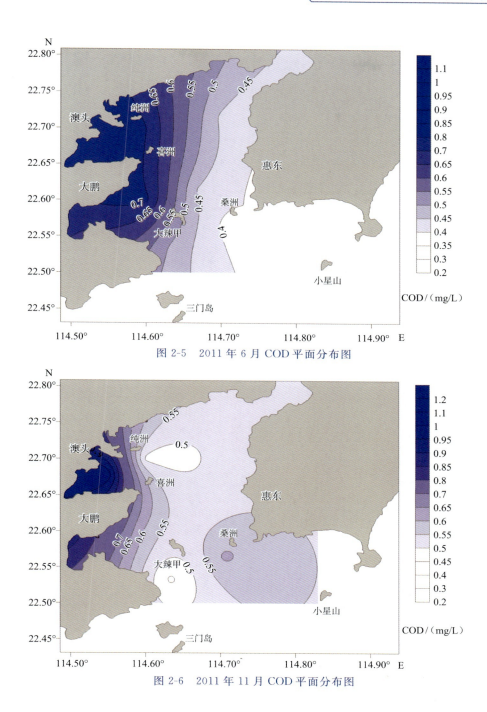

图 2-5　2011 年 6 月 COD 平面分布图

图 2-6　2011 年 11 月 COD 平面分布图

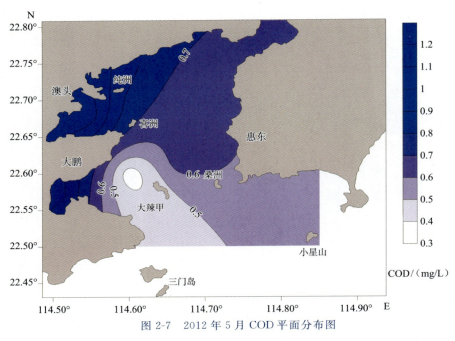

图 2-7　2012 年 5 月 COD 平面分布图

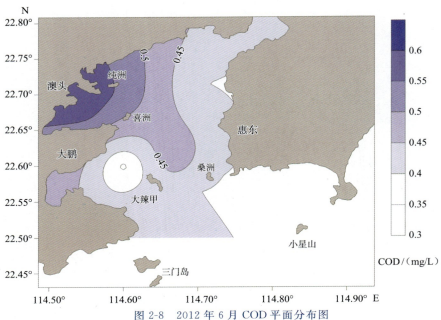

图 2-8　2012 年 6 月 COD 平面分布图

2.2.1.3　营养盐

2.2.1.3.1　氨氮

大面巡航监测结果显示,4 个季度的氨氮均呈现出近岸海域高于湾口海域的分布趋势,高值区主要集中在澳头、大鹏一带湾内区域。这可能是人类活动影响较大所致。澳头、大鹏一带沿岸人类活动频繁,大量的陆源物质进入海洋,最终分解为无机氮盐;且该海域的网箱养殖区相对较为密集,养殖废水的排放也会导致大量的氮营养物质进入近岸海域。

2.2.1.3.2　溶解无机氮（DIN）

大面巡航监测结果显示,DIN 在大亚湾海域的平面分布趋势与氨氮的分布趋势较为相似。4 个季度的 DIN 均呈现出近岸海域高于湾口海域的分布趋势,高值区主要集中在澳头及大鹏一带湾内区域(图 2-9～图 2-14)。这可能是人类活动影响较大所致。澳头、大鹏一带沿岸人类活动频繁,大量的陆源物质进入海洋最终分解为无机氮;而澳头及大鹏一带海域的网箱养殖区相对较为密集,养殖废水的排放也会导致大量的氮营养物质进入近岸海域。

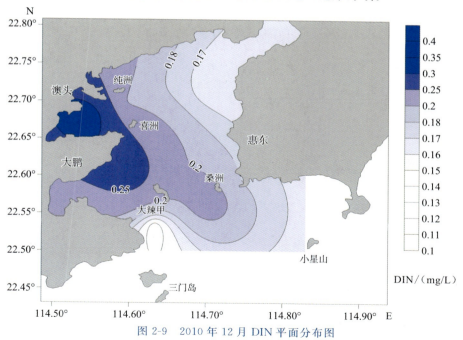

图 2-9　2010 年 12 月 DIN 平面分布图

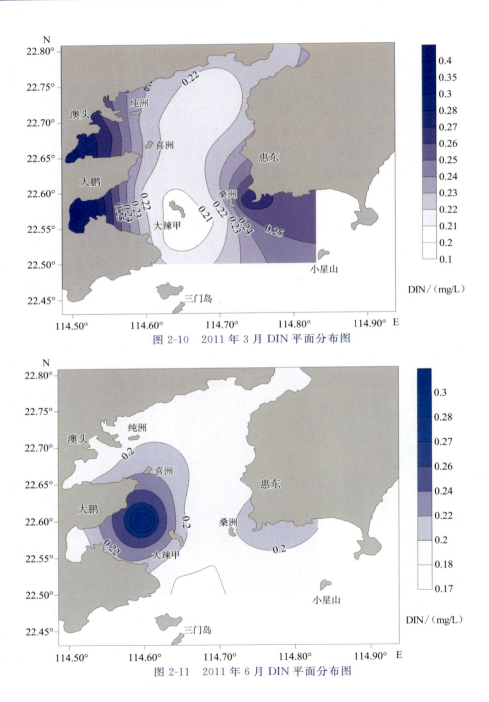

图 2-10　2011 年 3 月 DIN 平面分布图

图 2-11　2011 年 6 月 DIN 平面分布图

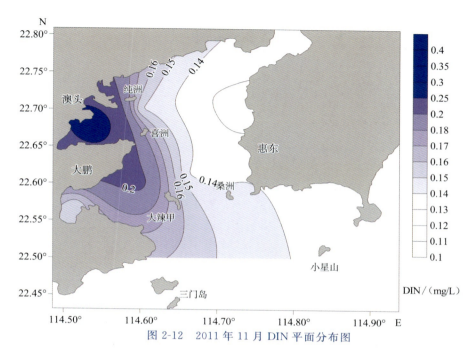

图 2-12　2011 年 11 月 DIN 平面分布图

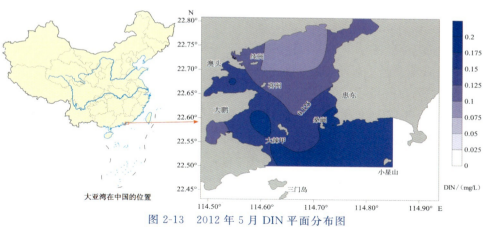

大亚湾在中国的位置

图 2-13　2012 年 5 月 DIN 平面分布图

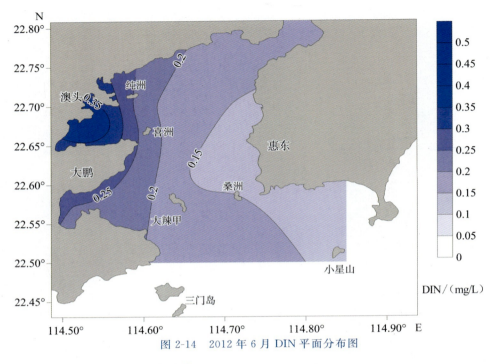

图 2-14　2012 年 6 月 DIN 平面分布图

2.2.1.3.3 活性磷酸盐

　　大面巡航监测结果显示,活性磷酸盐平面分布趋势较为凌乱(图 2-15～图 2-20)。秋季和冬季活性磷酸盐的分布特征较为相似,主要呈现出自西向东逐渐递减的分布趋势;而 2011 年 3 月的春季则显示出了东西部高、中间低的分布趋势;到了 2012 年 5 月,则呈现出自北向南逐渐降低的分布趋势;而 2011 年 6 月的夏季则出现了自东而西逐渐降低的分布趋势。总体而言,大面巡航监测结果呈现了活性磷酸盐在近岸海域高于远岸海域的分布趋势。这表明,活性磷酸盐的分布仍主要受到陆源污染及水产养殖等人为因素的影响。

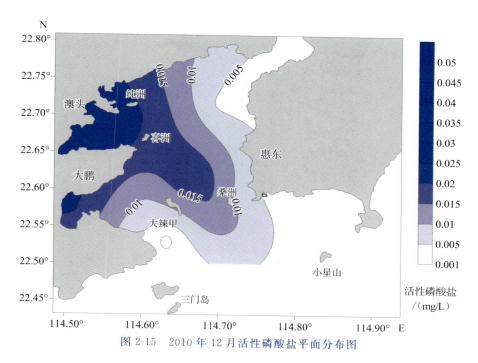

图 2-15　2010 年 12 月活性磷酸盐平面分布图

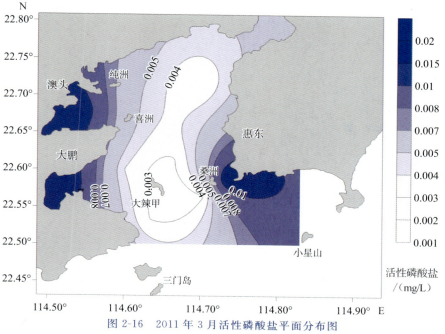

图 2-16　2011 年 3 月活性磷酸盐平面分布图

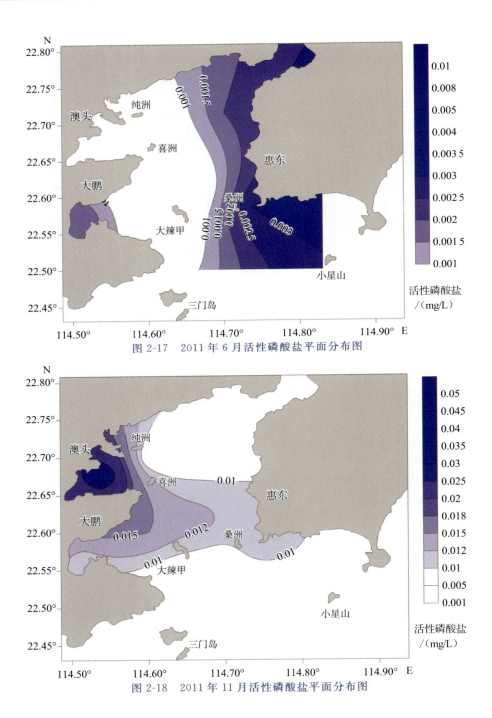

图 2-17　2011 年 6 月活性磷酸盐平面分布图

图 2-18　2011 年 11 月活性磷酸盐平面分布图

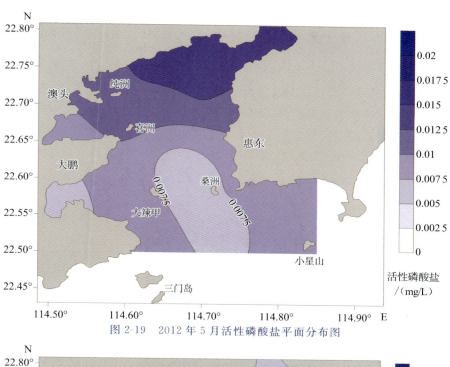

图 2-19　2012 年 5 月活性磷酸盐平面分布图

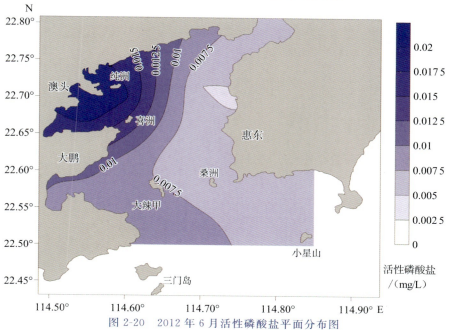

图 2-20　2012 年 6 月活性磷酸盐平面分布图

2.2.1.3.4 活性硅酸盐

活性硅酸盐在冬季及春季的平面变化趋势较为相似,均呈现出由北向南及由近岸向外逐渐降低的分布趋势;夏季则呈现出自东向西逐渐降低的分布趋势,但在澳头海域仍出现了高值区;秋季则和夏季的分布趋势完全相反,呈现出自西向东逐渐降低的分布趋势(图 2-21～图 2-24)。而 2012 年 5、6 月的监测结果则呈现出自西向东降低的分布趋势(图 2-25、图 2-26)。总体而言,大面巡航监测结果显示,活性硅酸盐在大亚湾的分布趋势是近岸海域高于湾口海域。

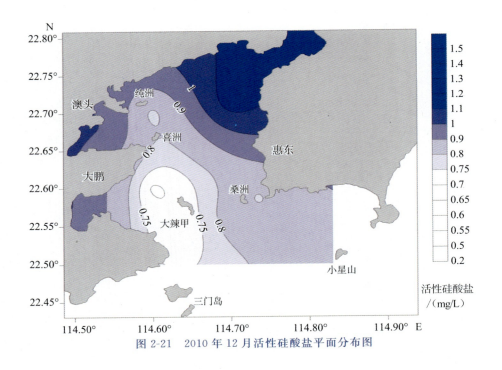

图 2-21　2010 年 12 月活性硅酸盐平面分布图

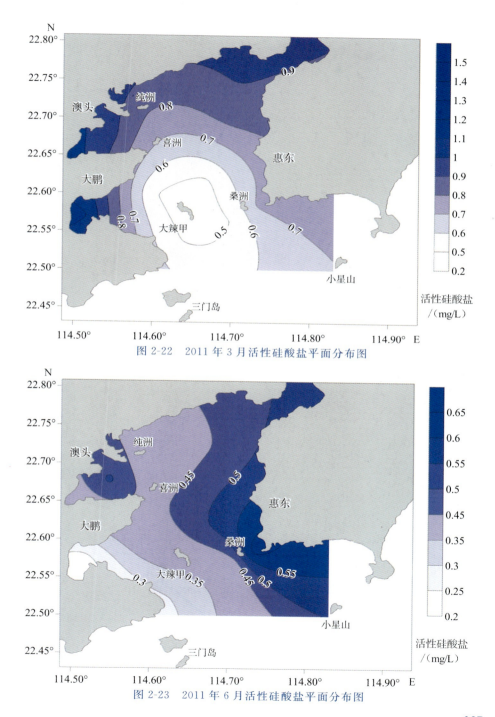

图 2-22 2011 年 3 月活性硅酸盐平面分布图

图 2-23 2011 年 6 月活性硅酸盐平面分布图

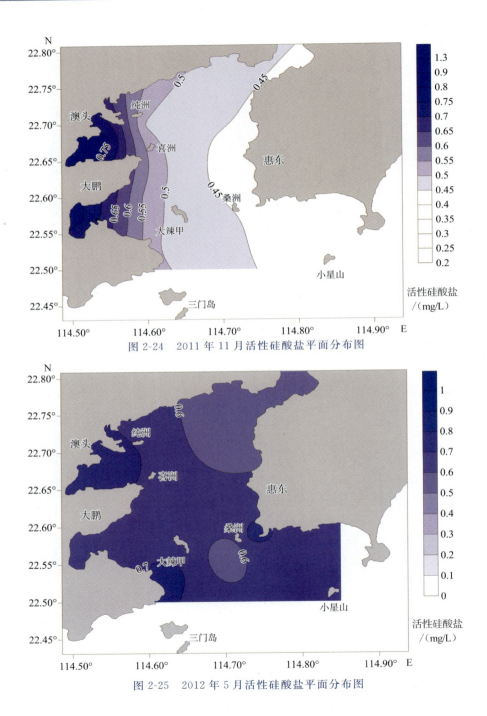

图 2-24 2011 年 11 月活性硅酸盐平面分布图

图 2-25 2012 年 5 月活性硅酸盐平面分布图

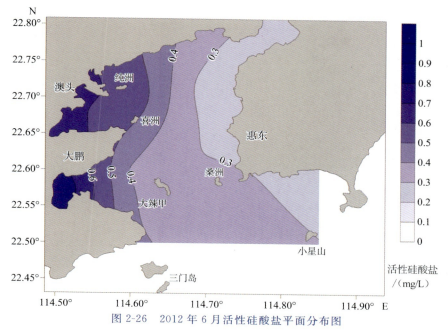

图 2-26　2012 年 6 月活性硅酸盐平面分布图

2.2.1.4　碳因子

2.2.1.4.1　DIC

　　6 次大面巡航监测发现,大亚湾海域 DIC 含量总体呈现出西部及西北部海域高于东部及湾口海域的分布趋势(图 2-27～图 2-32)。这可能是人类活动影响较大所致。澳头、大鹏一带沿岸人类活动频繁,大量的陆源物质进入海洋,最终分解为无机碳;而澳头、喜洲及大鹏一带海域的网箱养殖区相对较为密集,养殖废水的排放也会导致大量的有机物入海后最终分解成无机碳等物质,从而导致近岸海域 DIC 升高。

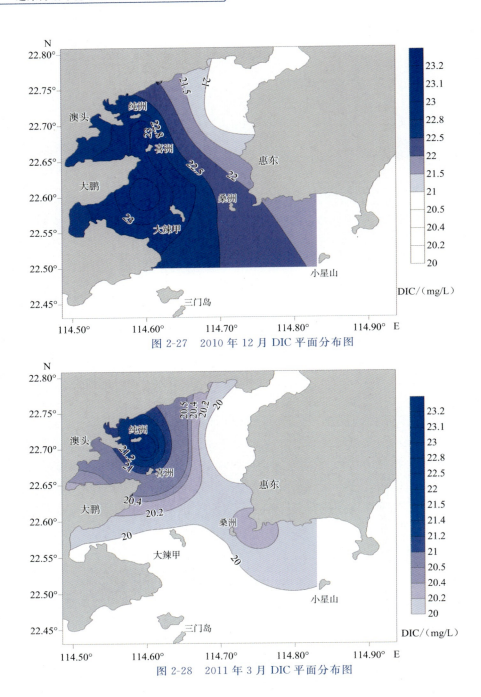

图 2-27　2010 年 12 月 DIC 平面分布图

图 2-28　2011 年 3 月 DIC 平面分布图

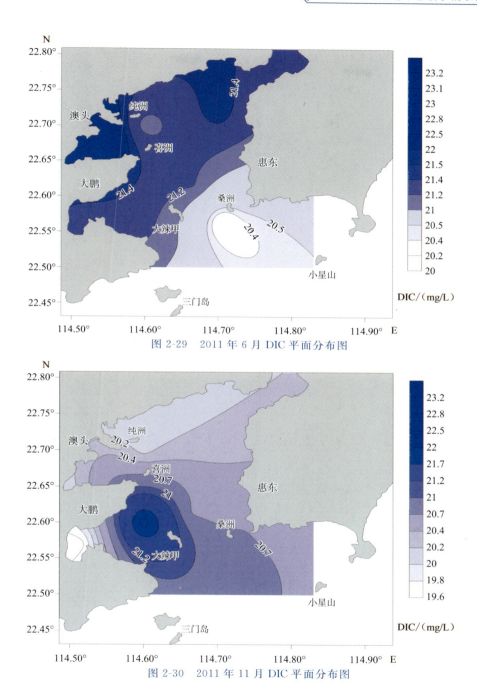

图 2-29　2011 年 6 月 DIC 平面分布图

图 2-30　2011 年 11 月 DIC 平面分布图

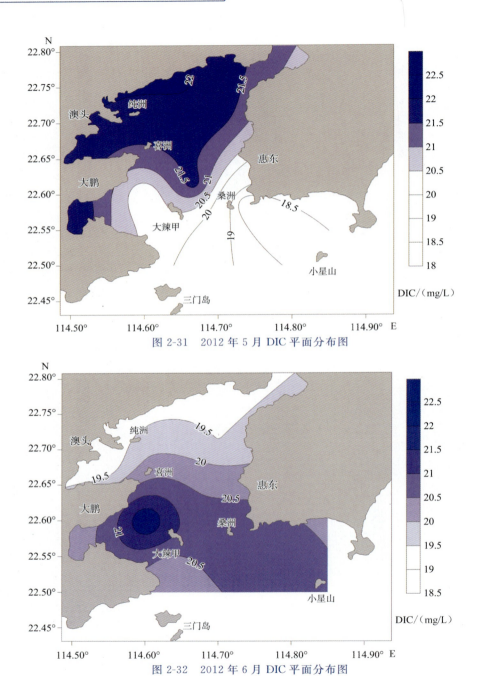

图 2-31　2012 年 5 月 DIC 平面分布图

图 2-32　2012 年 6 月 DIC 平面分布图

2.2.1.4.2 DOC

DOC 含量的较高值出现在大亚湾海域靠近陆域一侧(尤其是靠近澳头一侧),较低值一般出现在大辣甲西侧及西北侧(图 2-33～图 2-38)。这可能是近岸海域受人类活动影响较大所致。近岸海域接收了人类活动产生的大量有机物,这些有机物可以直接或者间接转变为 DOC。澳头等区域为人口较为稠密、工业较为发达的地区,产生了大量可以转化为 DOC 的物质,通过船舶、养殖网箱、污水管道等排入海中,而沿岸流又把 DOC 限制在近岸,DOC 难以顺利扩散,易在近岸积累,这也是 DOC 含量的高值一般出现在近岸海域的原因之一。

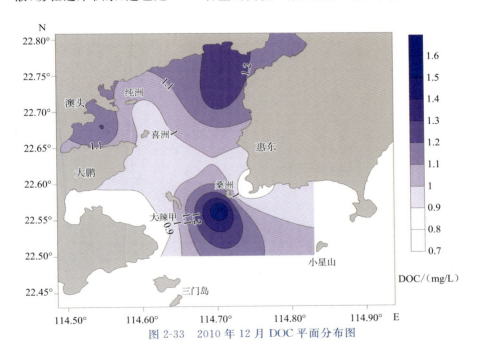

图 2-33　2010 年 12 月 DOC 平面分布图

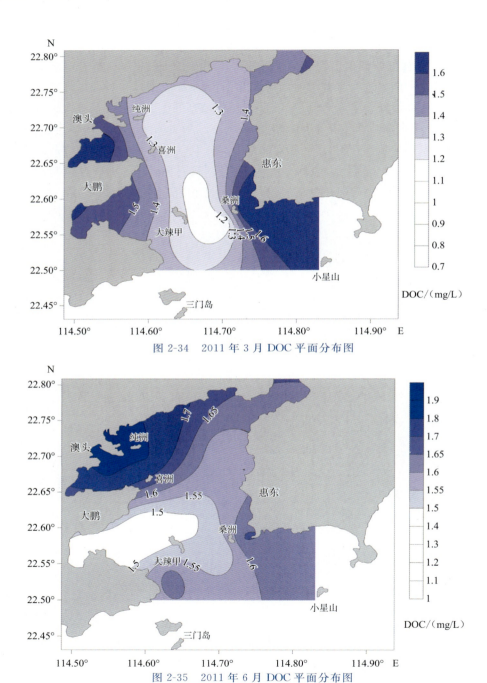

图 2-34　2011 年 3 月 DOC 平面分布图

图 2-35　2011 年 6 月 DOC 平面分布图

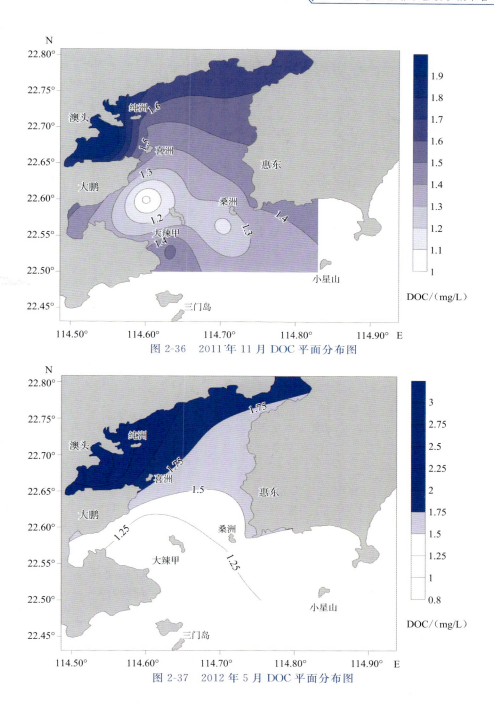

图 2-36　2011 年 11 月 DOC 平面分布图

图 2-37　2012 年 5 月 DOC 平面分布图

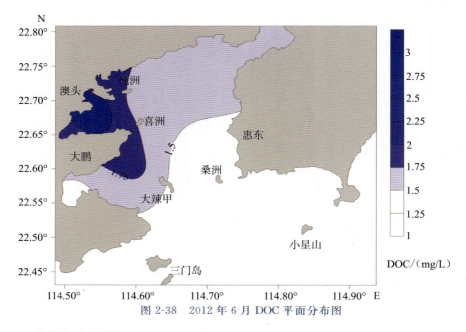

图 2-38　2012 年 6 月 DOC 平面分布图

2.2.1.4.3　TOC

　　春季大亚湾 TOC 高值区集中在桑洲及大辣甲以北海域；夏季 TOC 的高值区集中在澳头及大辣甲西北一带海域；秋季大亚湾 TOC 分布与夏季分布趋势较为相似，高值区集中在澳头及大鹏湾一带海域；冬季大亚湾 TOC 呈现出自北向南逐渐递减的分布趋势（图 2-39～图 2-44）。综上可知，在大面巡航监测的 4 个季度，除了春季之外，大亚湾海域 TOC 含量总体呈现出西部及西北部海域高于东部及湾口海域的分布趋势。

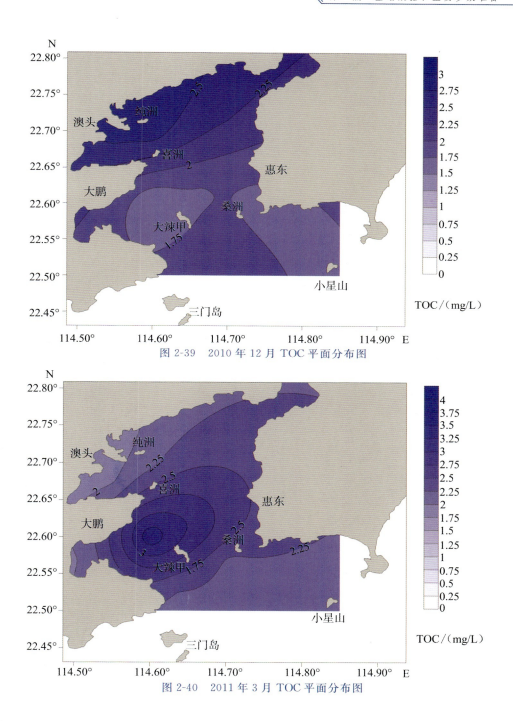

图 2-39 2010 年 12 月 TOC 平面分布图

图 2-40 2011 年 3 月 TOC 平面分布图

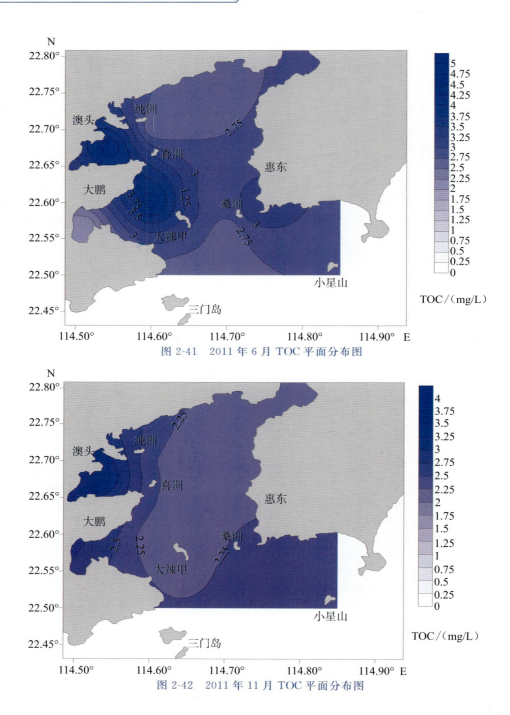

图 2-41　2011 年 6 月 TOC 平面分布图

图 2-42　2011 年 11 月 TOC 平面分布图

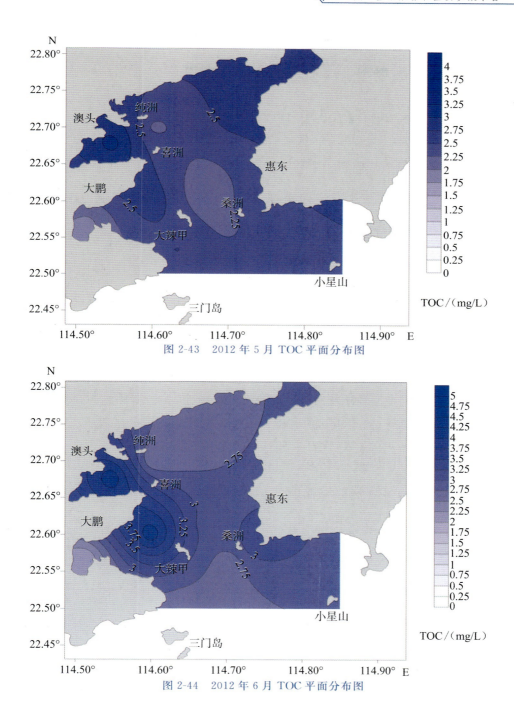

图 2-43 2012 年 5 月 TOC 平面分布图

图 2-44 2012 年 6 月 TOC 平面分布图

2.2.2 大亚湾海域理化因子季节分布特征

2.2.2.1 常规理化因子

2.2.2.1.1 pH

大亚湾海域水质呈碱性,pH 季节变化曲线呈 V 形:春季最高,秋季最低,冬季 pH 有所升高,介于夏季同秋季之间(图 2-45)。

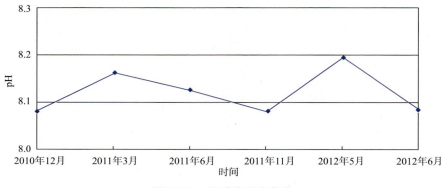

图 2-45　pH 季节变化曲线

2.2.2.1.2 浊度

监测海域浊度季节变化曲线呈现波浪形,最低值出现在冬季,最高值出现在春季。综合来看,春、秋季浊度较高,夏、冬季浊度较低(图 2-46)。

图 2-46　浊度季节变化曲线

2.2.2.1.3 盐度

盐度季节变化曲线呈现波浪形,在夏季达到最高,冬季次之,春、秋季最低

（图2-47）。

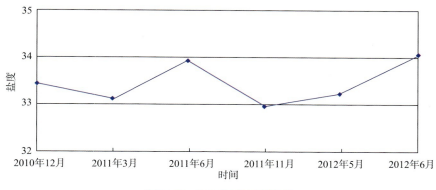

图 2-47　盐度季节变化曲线

2.2.2.2 氧平衡因子

2.2.2.2.1 DO

DO浓度季节变化曲线呈现波浪形,春季浓度最高,冬季次之,夏季最低（图2-48）。

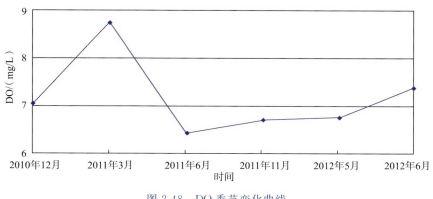

图 2-48　DO季节变化曲线

2.2.2.2.2 COD

COD浓度季节变化曲线有一定的波浪形规律。COD的季节变化规律基本与DO季节变化规律相反,冬季较高,春季较低(图2-49)。

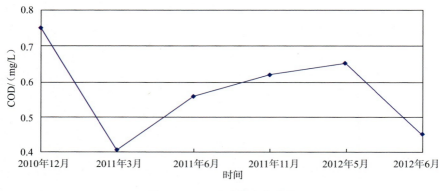

图 2-49　COD 季节变化曲线

2.2.2.3 营养盐

2.2.2.3.1 氨氮

氨氮浓度随季节变化无明显规律(图 2-50)。

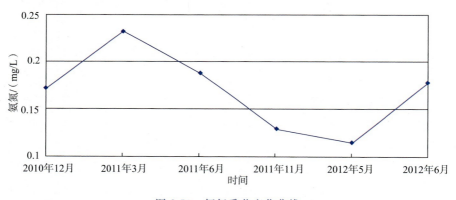

图 2-50　氨氮季节变化曲线

2.2.2.3.2 DIN

DIN 浓度随季节变化无明显规律(图 2-51)。但氨氮和无机氮时间变化趋势一致,很可能是受污染负荷排放情况所决定。

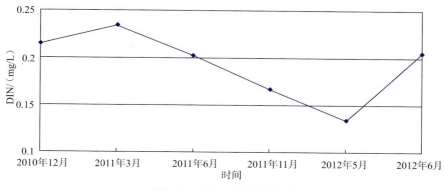

图 2-51　DIN 季节变化曲线

2.2.2.3.3　活性硅酸盐

活性硅酸盐浓度随季节变化曲线呈现 V 形，最大值出现在冬季，最小值出现在夏季，春季浓度大于秋季浓度（图 2-52）。

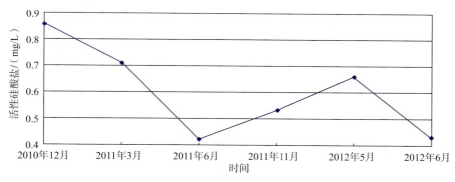

图 2-52　活性硅酸盐季节变化曲线

2.2.2.3.4　活性磷酸盐

监测海域活性磷酸盐浓度随季节变化曲线呈现 V 形，最小值出现在夏季，最大值出现在秋、冬季（图 2-53）。

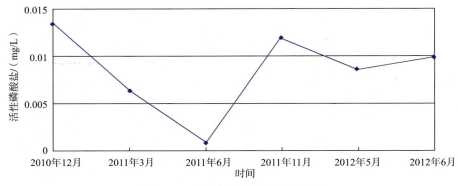

图 2-53　活性磷酸盐季节变化曲线

2.2.2.4　碳因子

2.2.2.4.1　DIC

监测海域 DIC 浓度随季节变化无明显规律(图 2-54)。

图 2-54　DIC 季节变化曲线

2.2.2.4.2　DOC

监测海域 DOC 浓度随季节变化曲线呈倒 V 形,最大值出现在夏季,最小值出现在冬季(图 2-55)。

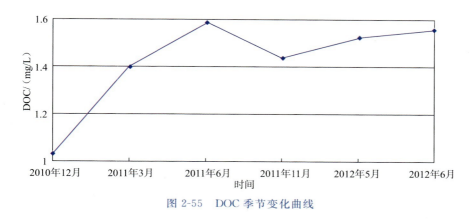

图 2-55 DOC 季节变化曲线

2.2.2.4.3 TOC

TOC 浓度随季节变化曲线呈倒 V 形,最小值出现在冬季,最大值出现在夏季(图 2-56)。

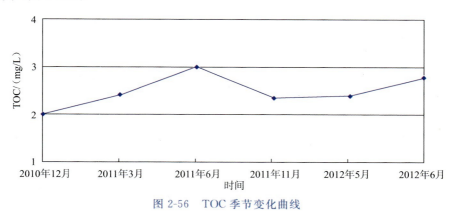

图 2-56 TOC 季节变化曲线

2.3 大亚湾海域生态特征分析

2.3.1 基于大面巡航监测结果的生态特征分析

2.3.1.1 浮游藻类

大亚湾浮游藻类以硅藻为主要类群,硅藻占浮游藻类总量的 $70\% \sim 93\%$,其次为甲藻,其他的少量藻类为金藻、绿藻以及蓝藻。夏季浮游藻类优势种比较单一,冬、秋季浮游藻类的多样性高于夏季。

大亚湾浮游藻类细胞密度夏季最高,其次是秋季,最低是冬、春季节。冬季,

S-1 站位浮游藻类细胞密度为 2.63×10^5 个/升,大多数站位细胞密度仅为 10^3 个/升的水平。春季各采样点浮游藻类细胞密度分布较均匀,达到 10^4 个/升。夏季随着水温升高为 26～29 ℃,浮游藻类开始繁盛,平均细胞密度达到 10^5 个/升,拟菱形藻($Pseudo-nitzshcia$ spp.)和裸甲藻($Gymnodinium$ spp.)等有害赤潮种细胞密度达到 $10^5 \sim 10^6$ 个/升的水平。秋季浮游藻类细胞密度开始减少,只有 S-2、S-3 和 S-6 站位的细胞密度维持在 10^5 个/升的水平。近岸的范和港 S-1 站位、澳头湾 S-2 和 S-3 站位,以及大鹏澳 S-6 站位的浮游藻类平均密度高于其他站位。回归分析显示,影响大亚湾浮游藻类生长的主要因子为盐度、浊度、DIN、活性硅酸盐和活性磷酸盐浓度。近岸海域如范和港 S-1 站位的盐度较低,有利于浮游藻类生长;而 S-3 和 S-6 站位的 DIN 和硅酸盐浓度都较高,也较有利于浮游藻类的生长。大亚湾 6 个航次浮游藻类细胞密度的时空变化与温度、DIN 浓度和 DO 相关性显著,这 3 个因素决定浮游藻类细胞密度 59% 的变化($P < 0.05$)。随着季节的变化,温度、DIN 浓度和 DO 升高,浮游藻类开始大量繁殖。

大亚湾叶绿素 a 含量范围为 0.80～0.85 $\mu g/L$,藻类干重为 5.41～7.58 mg/L,冬、春季浮游藻类叶绿素 a 含量和藻类干重全年最低。大亚湾叶绿素 a 含量的季节变化与浮游藻类的细胞密度和干重相关性显著($R^2 = 0.87$,$P < 0.01$)。夏季浮游藻类大量繁殖,叶绿素 a 含量高于冬、春季。叶绿素 a 含量、浮游藻类密度和温度决定浮游藻类干重 91% 的变化($P < 0.01$)。S-3 站位叶绿素 a 的平均含量和藻类干重高于其他站位,分别为 2.52 $\mu g/L$ 和 11.85 mg/L。

2.3.1.2 浮游动物

大亚湾浮游动物优势种群为桡足类,丰度变化范围为 70～337 个/升,湿重范围为 467～1 764 mg/m³,其中大于 200 μm 的桡足类密度占总丰度的 37%～60%。影响大亚湾浮游动物生长的主要因子为温度、盐度、活性硅酸盐以及浊度。其中,温度与大亚湾浮游动物丰度的季节变化相关性显著($R^2 = 0.94$,$P < 0.01$)。冬、春两季大亚湾平均水温低于 20 ℃,浮游动物丰度低,范围为 69～115 个/升;夏季水温上升到 26 ℃ 以上,浮游动物丰度达到 239～337 个/升。2011 年 11 月大亚湾平均水温仍保持 26 ℃,浮游动物的丰度也较高。

2.3.1.3 底栖动物

大亚湾底栖动物种类多样性及生物量均不高。春季和秋季 2 个航次共采集到底栖动物 27 种,其中春季 24 种[湿重(14.34±19.63)g/m²],秋季 9 种

[湿重(0.44 ± 0.31)g/m²]。春季主要以环节动物门的多毛类为优势种,而秋季以多毛类和棘皮动物门的蛇尾为主。大亚湾底栖动物群落具有显著的时空分布特征:在季节分布上,春季底栖生物种类多样性和生物量均远远高于秋季;在空间分布上,春季和秋季种类最多的站位是 S-4,分别是 9 种和 3 种。而 S-3 站位出于邻近码头、水位较浅等原因,不利于底栖动物生长,在春季和秋季均未采到任何底栖动物样品。

2.3.2 基于大亚湾定点监测数据的生态动力过程分析

本部分利用定点监测数据对大亚湾受外源影响较小的湾口海区的理化因子和生态指标进行统计学分析。先对温度、盐度、DO、pH、浊度、氨氮、硝态氮、亚硝态氮、活性磷酸盐、活性硅酸盐、DIC 等 11 个理化因子进行主成分分析,再通过相关分析方法和逐步回归分析方法,分析生态要素与理化因子之间的相关关系和构建回归方程,探讨影响生态要素变化的主要理化因子。

2.3.2.1 理化与生物要素相互关系的主成分分析结果

表 2-3 是以特征值大于 1 为标准提取出的 4 个主成分的因子载荷矩阵,其意义在于描述 11 个理化因子与 4 个主成分的相互关系,进一步分析得出以下 4 个主成分表达式。

$$y_1 = 0.257x_1^* + 0.066x_2^* - 0.425x_3^* - 0.306x_4^* + 0.373x_5^* - 0.076x_6^* + 0.465x_7^* + 0.413x_8^* - 0.105x_9^* + 0.329x_{10}^* + 0.071x_{11}^*;$$

$$y_2 = 0.439x_1^* - 0.386x_2^* - 0.041x_3^* + 0.441x_4^* + 0.033x_5^* + 0.191x_6^* - 0.091x_7^* - 0.138x_8^* - 0.171x_9^* + 0.437x_{10}^* - 0.421x_{11}^*;$$

$$y_3 = 0.289x_1^* + 0.458x_2^* - 0.425x_3^* + 0.302x_4^* - 0.451x_5^* - 0.063x_6^* + 0.046x_7^* - 0.274x_8^* + 0.026x_9^* + 0.119x_{10}^* + 0.368x_{11}^*;$$

$$y_4 = -0.060x_1^* + 0.146x_2^* + 0.120x_3^* - 0.048x_4^* - 0.085x_5^* + 0.677x_6^* + 0.019x_7^* + 0.122x_8^* - 0.656x_9^* - 0.053x_{10}^* + 0.209x_{11}^*。$$

其中,x_1^*,x_2^*,…,x_{11}^* 分别为温度、盐度、DO、pH、浊度、氨氮、硝态氮、亚硝态氮、活性磷酸盐、活性硅酸盐、DIC 等 11 个理化因子的标准化值。将各环境因子监测结果经标准化处理后代入上述各式,即可得到各监测样本的 4 个主成分得分。

从主成分表达式可以看出,第一主成分(PC1)主要表征硝态氮、DO、亚硝态氮等因子的作用,第二主成分(PC2)主要表征 pH、温度、活性硅酸盐、DIC 等因子的作用,第三主成分(PC3)主要表征盐度、浊度、DO 等因子的作用,第四主成分(PC4)主要表征氨氮、活性磷酸盐等因子的作用。

表 2-3 因子载荷矩阵

环境因子	PC1	PC2	PC3	PC4
温度	0.434	0.588	0.376	−0.063
盐度	0.112	−0.517	0.594	0.154
DO	−0.719	−0.056	−0.552	0.127
pH	−0.518	0.590	0.392	−0.051
浊度	0.631	0.045	−0.586	−0.090
氨氮	−0.129	0.256	−0.082	0.714
硝态氮	0.788	−0.122	0.060	0.020
亚硝态氮	0.699	−0.185	−0.356	0.129
活性磷酸盐	−0.178	−0.229	0.034	−0.693
活性硅酸盐	0.556	0.585	0.155	−0.056
DIC	0.120	−0.564	0.478	0.220
特征值	2.867	1.795	1.686	1.113

图 2-57 是监测样本前两个主成分得分的散点分布图。冬、春季不同月份的主成分得分和变化范围均比较小，说明春、冬季各月份的理化因子总体差异较小；而夏、秋季不同月份的主成分得分和变化范围均比较大，说明夏、秋季各月份的理化因子总体差异较大。大亚湾湾口海区的生态环境存在明显的季节特征。

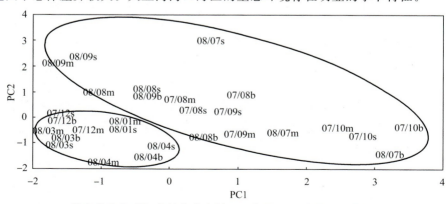

数字代表年/月，字母代表水层：s—表层；m—中层；b—底层。

图 2-57 前两个主成分得分散点图

表 2-4 是不同水层叶绿素 a 监测数据与 4 个主成分得分之间的相关性分析结果。表层叶绿素 a 与 PC3 存在极显著的负相关关系,同时也与 PC4 存在显著的负相关关系。结合 PC3 和 PC4 的表达式可知,表层叶绿素 a 主要与盐度负相关,与浊度、DO 正相关,同时还与氨氮、活性磷酸盐存在一定的相关关系。中层叶绿素 a 与 PC4、PC2 之间均存在显著的负相关关系。结合 PC4、PC2 的表达式可知,中层叶绿素 a 主要与氨氮负相关,与活性磷酸盐正相关,同时还与 pH、温度、活性硅酸盐、DIC 等理化因子存在一定的相关关系。底层叶绿素 a 与各主成分之间的相关系数较低,不存在显著的相关关系。

表 2-4　各水层叶绿素 a 与主成分的相关系数

水层	PC1	PC2	PC3	PC4
表层	0.110	0.186	$-0.629**$	$-0.485*$
中层	0.170	$-0.388*$	-0.360	$-0.442*$
底层	0.106	0.355	-0.379	-0.258

注:* 表示 $P<0.05$,显著相关;** 表示 $P<0.01$,极显著相关。

2.3.2.2　理化与生物要素相互关系的相关分析结果

以温度、盐度、DO、pH、浊度、氨氮、硝态氮、亚硝态氮、活性磷酸盐、活性硅酸盐、DIC 等 11 个理化因子指标为自变量,以叶绿素 a 为因变量,对不同水层的监测数据进行多元逐步回归分析,建立多元回归方程。

由表 2-5 可知表层叶绿素 a 的回归方程是 $c_1=10.928-0.292S$,S 为盐度,表层叶绿素 a 的浓度(c_1)与盐度之间存在负相关关系。叶绿素 a 反映海域初级生产力,是浮游藻类光合作用的直接表现,而盐度的变化可以影响浮游藻类的光合作用速率。

表 2-5　叶绿素 a 与理化因子指标的逐步回归分析

水层	入选变量	回归系数	F	P
表层	常数	10.928	7.994	0.012
	盐度	-0.292		
中层	常数	2.463	4.987	0.036
	氨氮	-16.878		

水层	入选变量	回归系数	F	P
底层	常数	51.219	13.071	0.001
	DIC	−0.152		
	pH	−5.617		
	亚硝态氮	−54.393		

由表 2-5 可知中层叶绿素 a 的回归方程为 $c_2 = 2.463 - 16.878c(NH_3)$，中层叶绿素 a 的浓度（$c_2$）与氨氮浓度 $[c(NH_3)]$ 之间存在负相关关系。中层水柱 DIN 浓度的变化范围是 0.015~0.154 mg/L，平均为 0.075 mg/L，属贫营养水平。海水中的 DIN 主要包括氨氮、硝态氮和亚硝态氮，当 DIN 含量较少时，氨氮成为主要的无机氮源，浮游藻类的生长吸收了大量的氨氮从而导致氨氮浓度的降低。浮游藻类生长过程对氨氮的消耗是中层叶绿素 a 与氨氮负相关的主要原因。

由表 2-5 可知底层叶绿素 a 的回归方程为 $c_3 = 51.219 - 0.152c(DIC) - 5.617pH - 54.393c(NO_2^-)$，底层叶绿素 a 的浓度（$c_3$）与 DIC 的浓度 $[c(DIC)]$、pH 及亚硝态氮的浓度 $[c(NO_2^-)]$ 之间存在负相关关系。叶绿素 a 含量高的海区通常具有相对较高的初级生产力，能够将海水中较多的无机碳转化为有机碳，因此，在不考虑其他影响因素的前提下，DIC 应该与叶绿素 a 含量呈负相关关系。

2.4 大亚湾海域尿素与浮游生物脲酶活性研究

2010—2011 年 4 个季节，对大亚湾海域尿素浓度及浮游生物的脲酶活性开展调查研究，结合相关理化环境及生物因子，分析大亚湾海域尿素的可利用性及其对浮游藻类群落演替的影响，结果如下。

大亚湾海区尿素浓度（以 N 计）变化范围为 0.81~8.54 μmol/L，夏季尿素含量最高，达（4.32±1.65）μmol/L，冬季含量最低，为（1.57±0.49）μmol/L。夏、秋季节有很多测站尿素水平甚至超过 DIN 含量 1~3 倍；较高水平的尿素主要分布在养殖区和靠近陆地的近岸海域，同时西部近岸海域尿素浓度比东部海域的高。冬季和春季，海区尿素浓度与 DIN 比值分别为 0.11~0.47 和 0.17~0.68。到了可能存在氮胁迫的夏季，海区 DIN 含量较低，绝大多数站位的尿素浓度均高于 DIN。至秋季，海区尿素浓度在 S-1、S-2、S-3、S-6 和 S-9 站位都高于 DIN 含量，全海区尿素与 DIN 比值为 0.35~1.91。该结果表明，在该海区中，尿素是可利用氮源的重要组成部分，尤其在夏季海区存在潜在氮限制的情况下。

　　大亚湾海域浮游生物脲酶活性在季节间存在显著差异。冬、春季脲酶活性常低于检出限，秋季最高，达（1.17±0.65）μmol/(L·h)。夏季 S-9 站位和秋季的 S-3 站位脲酶活性最高，分别达到 2.97 μmol/(L·h) 和 2.52 μmol/(L·h)，靠近大亚湾海域东部陆地的 S-1 站位和 S-9 站位脲酶活性也较高。由上述结果可知，浮游生物脲酶活性的分布主要在湾口和养殖区附近。多元逐步回归分析结果显示，夏季各个理化环境参数与浮游生物脲酶活性相关性不显著；但秋季浮游生物脲酶活性与甲藻密度相关性显著，浮游生物脲酶活性 56% 的变化由甲藻密度引起。脲酶已被证明是大洋中浮游藻类水解尿素的最主要途径，因此尿素在一定程度可能影响大亚湾甲藻等浮游藻类的生长。

第3章 现场围隔实验

3.1 实验的主要内容

通过在海区现场搭建围隔装置并展开海水营养盐的人为调控,运用实验生态学原理探究营养盐的动态变化对海洋浮游生物群落结构的影响,以期为本海区赤潮发生机制和预警提供必要的实验资料。

现场围隔生态实验于 2011 年 9 月 5 日—2011 年 9 月 14 日在大亚湾大鹏澳海域进行。实验装置共有 9 个围隔,其规格等相关信息如下:围隔是由青岛某专业公司利用一种特殊的强化帆布材料(不透水材质)制成,按照实验的需求定制成长×宽×高分别为 1 m×1 m×1.5 m 的长方体围隔,顶部开口并配以活动的顶盖;围隔的各边均用金属架固定,这样可以保证每个围隔的容积为 1.5 m³,并且每个围隔顶部四周均装有起漂浮和固定作用的浮子。实验开展前,使用海水抽滤泵将周围海区 0.5 m 以深的海水注入各个围隔中。

样品采集以及分析均严格按照《海洋监测规范 第 3 部分:样品采集、贮存与运输》(GB 17378.3—2007)执行。采样于每天上午 9:00 左右进行。采集样品之前将各个围隔中的海水充分混匀,采样后立即在渔排上进行相关预处理,按照样品的保存要求妥善放置,并及时带回室内实验室进行后续分析。

3.1.1 海水样品的预处理

用于各个营养盐指标分析的海水样品在采集后立即用 0.45 μm 孔径的 GF/F 玻璃纤维滤膜过滤,之后用于各项指标的测定。用于叶绿素 a 含量测定的海水样品则在采样后立即加入碳酸镁悬浊液并置于冰盒中保存,待上岸后分析样品中叶绿素 a 的含量。海水样品采样后立即用鲁氏碘液进行现场固定,用于浮游藻类分析。浮游动物样品用浮游生物网采集,并用中性福尔马林溶液固定,用于下游的种类鉴定及多样性分析。用于分析浮游细菌数量的海水样品用无菌 50 mL 离心管采集,用中性福尔马林溶液固定后冷冻保存,用于下游的细菌计数。用于浮游细菌群落结构分析的海水样品直接置于冰盒中,立即带回实验室过滤,进行下游分子多样性分析。

3.1.2　样品分析

营养盐分析根据《海洋调查规范　第 4 部分:海水化学要素调查》(GB/T 12763.4—2007)中的步骤进行相关实验操作:硝态氮的测定采用锌镉还原法,氨氮的测定采用次溴酸盐氧化法,活性磷酸盐的测定采用磷钼蓝分光光度法,活性硅酸盐的测定采用硅钼黄分光光度法,所有上述分析均在采样后 2 h 内完成。

叶绿素 a 浓度的测定根据《海洋监测规范　第 7 部分:近海污染生态调查和生物监测》(GB 17378.7—2007)进行,采用丙酮提取分光光度法。

浮游藻类的种类鉴定以及数量分析利用显微镜镜检进行。

对于浮游细菌计数分析,利用 4',6-二脒基-2-苯基吲哚(DAPI)染液对细菌进行染色,再利用荧光显微镜进行细菌计数。

对于浮游细菌分子生态学分析,利用聚合酶链式反应(PCR)-变性梯度凝胶电泳(DGGE)技术对围隔中的浮游细菌种类和群落结构进行分析。

3.2　浮游藻类对营养盐的响应

3.2.1　分批和一次性添加营养盐,浮游藻类对营养盐的吸收利用比较

实验结果表明:单独添加氮或者磷,所有营养盐每日消耗量变化不大;同时添加氮和磷后,所有营养盐每日消耗量明显上升;添加氮、磷和硅的围隔中,所有营养盐每日消耗量最大。这说明,某种营养盐含量的增加,引起浮游生物消耗营养物质比例失调的可能性不大。另外,通过分批投加营养盐的围隔与一次性添加等量营养盐的围隔的比较,发现各营养盐消耗量没有明显差异。

3.2.2　分批和一次性添加营养盐,浮游藻类群落结构变化

浮游藻类是海洋生态系统中最主要的初级生产力,对整个海洋生态系统起到至关重要的作用。实验主要针对分批添加营养盐,围隔中浮游藻类群落结构的变化做了研究。分别向 4 个实验围隔中以不同的营养盐配比添加营养盐,每天同一时间采集样品进行测定分析,以叶绿素 a 和藻细胞密度来表征浮游藻类生长状况,以浮游藻类的香农-维纳多样性指数、丰富度、均匀度和单纯度来表征浮游藻类群落结构。结果表明:实验海区围隔水体内浮游藻类生长的限制性营养盐为氮而不是磷,这与文献普遍报道的大亚湾海区磷营养盐限制相左,究

其原因，疑与实验围隔海区网箱养殖水体富磷有关；硅不是该海区的限制性营养盐，但对浮游藻类生长起到重要作用；营养盐氮或磷单独增加不会引起藻华，同时添加多种营养盐对浮游藻类生长的作用远远大于单独添加氮、磷，更易于形成藻华；浮游藻类优势种演替与营养盐浓度和组成有关；高氮、磷浓度可能造成赤潮异弯藻暴发，形成有害藻华，给周围养殖海区造成危害；生态围隔中，营养盐的添加改变了浮游藻类群落结构，使香农-维纳多样性指数、均匀度、丰富度降低，单纯度升高。

围隔实验比较了浮游生物群落结构在分批添加营养盐围隔和一次性添加等量营养盐围隔中的变化，发现：在单独添加氮或磷的围隔中，分批添加围隔中的叶绿素 a 含量和藻细胞丰度，略低于一次性添加等量营养盐围隔；同时添加多种营养盐的围隔中，分批添加围隔的叶绿素 a 含量和藻细胞丰度均高于一次性添加营养盐围隔，叶绿素 a 含量最大相差 55.3 倍，藻细胞丰度最多相差 2 个数量级。

3.3　浮游细菌对营养盐的响应

3.3.1　浮游细菌群落结构分析

3.3.1.1　浮游细菌 DGGE 指纹图谱分析

大亚湾围隔实验第 1、4、7、10 天围隔海水样品的 DGGE 指纹图谱如图 3-1 所示。从 DGGE 指纹图谱中可以看出，第 1 天、第 4 天、第 7 天、第 10 天各围隔的电泳条带数和位置不完全相同，优势条带（比较亮的条带）也不相同，说明不同时间，不同围隔的细菌组成不同。

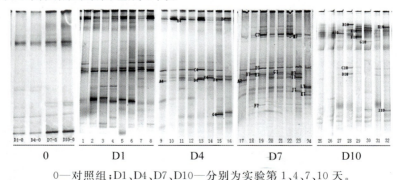

0—对照组；D1、D4、D7、D10—分别为实验第 1、4、7、10 天。

图 3-1　不同围隔样品的 DGGE 分离图谱

不同条带代表不同的细菌 16S 核糖体 DNA(rDNA)基因片段,每个样品都可获得多条可分辨的电泳条带。结果显示,各围隔第 7 天水样经 DGGE 分离,获得的可分辨电泳条带的数目最多,即该天围隔菌群种类最为丰富。

DGGE 条带的亮度与模板浓度有关,所以条带的亮度可以反映出细菌种群的优势度,即每个泳道中条带亮度对应细菌种群相对量的多少。图中可见,每天每个围隔都存在多种优势菌群,如条带 A1、B1、D1、B4、C4、C7、B7、M7、F10、E10 等。第 7 天围隔样品的优势条带数比第 1 天、第 4 天、第 10 天多,说明第 7 天的优势菌群比较多样。

3.3.1.2　浮游细菌优势种群分析

对 DGGE 图谱分离得到的 39 条优势条带进行切胶、回收、克隆、测序分析,得到的结果如表 3-1 所示。所有序列与数据库中的 16S rDNA 序列的相似度均在 96% 与 100% 之间,很多基因序列来自海洋环境中非可培养的细菌克隆,且大亚湾围隔海水样品中属于变形菌门(Proteobacteria)α 亚纲的细菌种群在围隔水样中均有分布,说明 α 变形菌是大亚湾围隔实验海水样品中的优势种群。属于 δ 变形菌、γ 变形菌、拟杆菌门(Bacteroidetes)、蓝菌门(Cyanobacteria)、厚壁菌门(Firmicutes)、鞘脂杆菌门(Sphingobacteria)的少数菌群仅在某一天或某几天的围隔中有所检出。在所检测到的种群中,大多数种群是海洋水体中普遍存在的菌群。综合围隔水样四天的 DGGE 图谱可知,实验期间围隔 M1~M8 海水中细菌的丰度从实验的第 1 天起就比对照围隔(M0)明显增加,并且在实验的第 7 天达到峰值;对照围隔细菌丰度在实验期间无显著变化。

表 3-1　围隔水体细菌 16S rDNA 片段序列比对结果

条带序号	GenBank 基因登录号	比对最近序列	相似度	类群
A1	GQ916469	Uncultured cyanobacterium bacterium	98%	cyanobacterium
B1	HE573181.1	Planococcus rifietoensis	99%	Firmicutes
C1	EF033448.1	α-proteobacterium	99%	α-proteobacterium
D1	DQ188904.1	Acinetobacter sp.	99%	γ-proteobacteria
E1	GQ245892.1	α-proteobacterium	99%	α-proteobacterium

续表

条带序号	GenBank 基因登录号	比对最近序列	相似度	类群
F1	FJ869046.1	Rhodobacterales bacterium	99%	α-proteobacterium
G1	EF033448.1	α-proteobacterium	99%	α-proteobacterium
H1	EU799964.1	Uncultured bacterium	99%	α-proteobacterium
I1	GQ916108.1	Uncultured Flavobacteriaceae	99%	Bacteroidetes
A4	AB294982.1	Uncultured *Ruegeria* sp.	99%	α-proteobacterium
B4	JF411371.1	Uncultured *Marinilactibacillus* sp.	99%	Firmicutes
C4	JN654451.1	*Oceanicola* sp.	96%	α-proteobacteria
D4	HM057811.1	Uncultured α-proteobacteria	99%	α-proteobacteria
E4	AJ633967.1	Uncultured α-proteobacteria	99%	α-proteobacteria
F4	JF734324.1	*Acinetobacter* sp.	99%	γ-proteobacteria
G4	AB013835.1	Uncultured bacterium	96%	Uncultured bacterium
A7	JN210843.1	Uncultured *Roseobacter* sp.	99%	α-proteobacteria
B7	FJ403088.1	Uncultured Rhodobacteraceae	99%	α-proteobacteria
C7	JN469642.1	Uncultured organism	97%	cyanobacterium
D7	JQ013149.1	Uncultured bacterium	98%	α-proteobacteria
E7	GQ250607.1	Uncultured α-proteobacteria	99%	α-proteobacteria
F7	JN646018.1	*Stenotrophomonas* sp.	99%	γ-proteobacteria
G7	FJ943236.1	*Ponticoccus* sp.	98%	α-proteobacteria
H7	HM177622.1	Uncultured bacterium	99%	α-proteobacteria
I7	HM593550.1	Uncultured α-proteobacteria	99%	α-proteobacteria
J7	EF471578.1	Uncultured Bacteroidetes bacterium	99%	Sphingobacteria
K7	HQ188573.1	*Alteromonas* sp.	99%	γ-proteobacteria
L7	FJ745192.1	Uncultured α-proteobacteria	99%	α-proteobacteria
M7	AY711350.1	Uncultured cyanobacterium	99%	cyanobacterium

续表

条带序号	GenBank 基因登录号	比对最近序列	相似度	类群
A10	HM057811.1	Uncultured α-proteobacteria	99%	α-proteobacteria
B10	HQ203776.1	Uncultured bacterium	99%	Firmicutes
C10	JF681282.1	*Acinetobacter calcoaceticus*	99%	γ-proteobacteria
D10	EF491372.2	Uncultured γ-proteobacteria	99%	γ-proteobacteria
E10	AB294982.1	Uncultured *Ruegeria* sp.	99%	α-proteobacteria
F10	AJ633967.1	Uncultured α-proteobacteria	99%	α-proteobacteria
G10	HQ675341.1	δ-proteobacteria	99%	δ-proteobacteria
H10	GQ245892.1	α-proteobacteria	99%	α-proteobacteria
I10	GQ413647.1	Uncultured bacterium	99%	γ-proteobacteria

　　各个样本中的优势种群及所占比例如图 3-2 所示。结果显示,不同种类的营养盐和添加方式影响细菌优势种群的结构和丰度。α 变形菌在每个围隔中均有分布,但所占比例均不相同,说明营养盐影响了 α 变形菌的丰度。厚壁菌在实验第 1、4、10 天围隔水样中均占较大比例,但在第 7 天没有检测到厚壁菌作为优势种的存在;鞘脂杆菌仅在第 7 天各个围隔中有分布;蓝细菌仅在第 1、7 天的围隔中作为优势种出现。这说明不同时间,围隔海水中的优势种群发生了演替。拟杆菌在单独添加磷的围隔 M4 和 M8 中未作为优势种存在,γ 变形菌和 δ 变形菌在单独添加氮的围隔中未被检出。

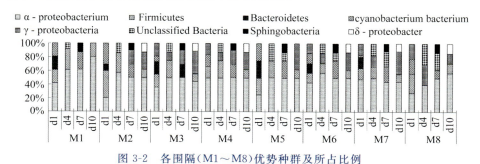

图 3-2　各围隔(M1~M8)优势种群及所占比例

3.3.1.3　不同营养盐及不同添加方式对浮游细菌多样性的影响

　　各个围隔香农-维纳多样性指数的变化如表 3-2 所示。

表 3-2　各围隔香农-维纳多样性指数

实验天数	M0	M1	M2	M3	M4	M5	M6	M7	M8
1	1.03	1.70	1.83	2.03	1.70	1.56	1.64	1.87	1.78
4	1.03	1.47	1.77	1.88	1.64	1.59	1.60	1.86	1.85
7	1.03	1.93	1.98	2.16	1.93	1.74	1.89	2.06	2.03
10	1.03	1.89	1.93	1.97	1.36	1.34	1.74	1.93	1.70

　　从表 3-2 可知,实验第 1、4、7、10 天 M1～M4 围隔样品的香农-维纳多样性指数均略高于 M5～M8,说明一次性添加营养盐的围隔细菌菌群数量和种类要多于每天等量添加营养盐的围隔。在营养盐添加方式相同但营养盐种类不同的围隔(M1～M4 和 M5～M8)中,香农-维纳多样性指数随着营养盐添加种类的增加而升高。在第一天全部添加完所有营养盐的 M1～M4 围隔中,香农-维纳多样性指数和条带数表现为 M3(添加氮、磷、硅 3 种营养盐)>M2(添加氮、磷 2 种营养盐)>M1、M4(只添加氮或磷 1 种营养盐)>M0(空白对照),在每天添加营养盐的 M5～M8 围隔中也呈现相同的趋势。

3.3.2　浮游细菌数量分析

　　如图 3-3 所示,所有围隔水体中浮游细菌丰度均显著高于自然水体($P<0.05$),不同时间不同围隔水体中浮游细菌丰度差异显著($P<0.05$),不同围隔水体中浮游细菌丰度的变化趋势不同:M1、M2、M4、M5、M7、M8 变化趋势类似,浮游细菌丰度基本上呈现先下降后上升的趋势;M6、M0 变化趋势类似,浮游细菌丰度呈现先迅速上升后下降的趋势;M3 的浮游细菌丰度呈现缓慢上升再下降的趋势。

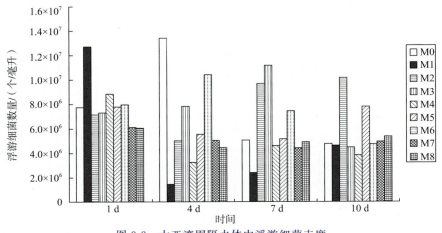

图 3-3　大亚湾围隔水体中浮游细菌丰度

第 4 章　底泥释放实验

沉积物是氮、磷自然循环过程中具有特殊意义的环节。沉积物作为不同环境水体中氮和磷的源和汇,影响着水体富营养化进程和水质的恢复。当外源营养物质汇入水体,大量的氮和磷积累在沉积物中,浓度可达到上覆水中的 $50\sim500$ 倍。如此高浓度的氮和磷将在沉积物-水界面释放和迁移进入水体,对水环境质量构成潜在威胁。

本章记述在大亚湾海域以水产养殖区域重点,选择营养盐氮和磷为主要研究对象,采用实验手段,综合分析各种不同形态的氮和磷在沉积物-水界面的迁移和释放规律。国内学者无论是在富营养化严重的滇池、太湖,还是在经济发达的长三角和珠三角近岸海域,都曾对氮、磷在沉积物-水界面迁移转化的机制做过研究。开展大亚湾海区氮和磷在沉积物-水界面的迁移释放规律研究,对完善水质和水生态动力学模型、有效管理水环境均具有重要的现实意义。

4.1　样品采集与基本特性分析

4.1.1　样品采集

2011 年 10 月对大亚湾水体进行了现场调查,选择澳头($22°42'49.3''$N、$114°32'31.76''$E)、深水港($22°41'49.5''$N、$114°32'23.8''$E)、虎头门($22°40'12.5''$N、$114°36'9.9''$E)为采样点。当天风浪较大,无法在渔船上进行采样,只能选择位于3 个采样点的水产养殖渔排上进行采样,因而所采集的沉积物受水产养殖的影响。其中,澳头采样点还受到周边居民生活污水的影响,水质较差;而深水港、虎头门采样点仅受到水产鱼类饵料、排泄物等的影响,水质环境相对较好。在采样过程中,分别利用便携式 pH 计、溶氧仪、盐度计等测定站点处的 pH、溶解氧浓度、盐度和水温。

水样和底泥样同时用柱状采样器取得。该采样器靠重力作用插入水底沉积物中,在下沉过程中,采样管内上涌的水流冲开顶部的单向阀门,以保持采样管内有畅通的水道。采样器插入沉积物层停止运动后,单向阀门在重力作用下自动回落,靠重力和压力封闭采样管上端。当采样器将要露出水面时,用橡胶塞堵住采样管下端,从而防止在采样器回拉过程中采样管中的沉积物脱落,并保证沉积物层不被破坏,且柱中保留一定高度的水样和底泥样。根据实验需要,准备了大约 100 根聚氯乙烯(PVC)管,其直径与采样器 PVC 管相同,内径均为 4 cm。在每个站点采样大约 30 柱。取得的水样装入预先洗涤干净的聚乙烯样品桶(容量 25 L)中。采样结束后,迅速将样品运回实验室处理。

4.1.2　分析方法

底泥柱带回实验室后,将底泥柱表层 5 cm 按 1 cm 间距切割,余下的部分按 2 cm 或 5 cm 间距切割来制作小圆柱体底泥样本柱。近似地认为每个小圆柱体底泥样本柱中的氮和磷的含量是均匀分布的。不能及时测量的小圆柱体样本柱放入玻璃瓶中,置于 4 ℃保存,尽快测定其中各形态氮。另外,于各采样点选择几柱底泥,切割后,置于聚乙烯塑料袋上自然风干后研磨,过 100 目筛,装在广口瓶中待用。

沉积物在转速为 3 000 r/min 下离心分离 30 min,使孔隙水与沉积物固体颗粒分离,取得的孔隙水装在玻璃瓶中,置于 4 ℃保存。用重量法来测定沉积物的含水率。孔隙水和上覆水中的氨氮用纳氏试剂分光光度法测定,亚硝态氮用分光光度法测定,硝态氮用酚二磺酸分光光度法测定,溶解态活性磷(DRP)用磷钼蓝法测定。

4.1.3　底泥物理特性

本次调查期间,大亚湾水体现场测量参数如表 4-1 所示。底泥中含水率、孔隙率和密度随着深度变化情况如图 4-1 所示。由图可知,澳头底泥含水率为 $56.7\%\sim78.3\%$,深水港底泥含水率为 $67.7\%\sim76.4\%$,虎头门底泥含水率为 $51.0\%\sim56.1\%$。澳头、深水港、虎头门底泥含水率都随着深度的增加而减小,最后趋于一个稳定的数值;随深度变化的幅度较小,趋于不变。澳头底泥孔隙率为 $44.5\%\sim74.9\%$,深水港底泥孔隙率为 $57.3\%\sim75.3\%$,虎头门底泥孔隙率为 $47.4\%\sim51.9\%$。澳头、深水港、虎头门的底泥孔隙率在表层都较大,这可能与底泥-水界面上生物地球化学动态变化较为活跃有关。澳头底泥密度为 $0.68\sim1.28$ g/mL,深水港底泥密度为 $0.66\sim1.10$ g/mL,虎头门底泥密度为 $0.87\sim1.14$ g/mL。澳头、深水港、虎头门的底泥密度都随着底泥深度的增加而加大。

表 4-1　大亚湾水体现场测量参数值

测站	pH	$T/℃$	DO/(mg/L)	S	H/m
虎头门	8.39	26.76	6.22	32.98	≈9
深水港	8.54	26.51	7.32	31.76	≈8.2
澳头	8.49	27.04	5.64	31.63	≈7.5

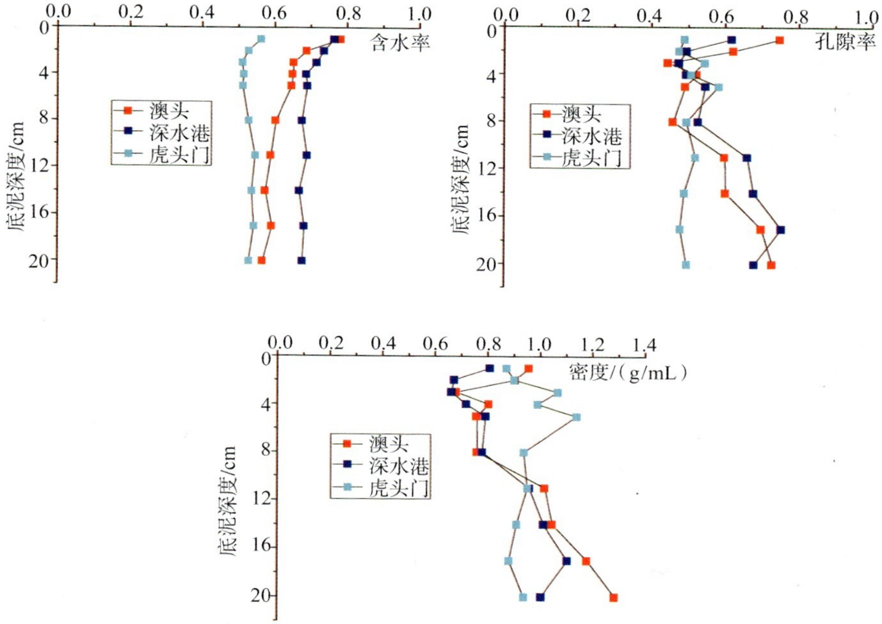

图 4-1　沉积物物理参数垂向分布

氮、磷在底泥中的垂向分布如图 4-2 所示。从图 4-2 可以看出,沉积物中氮、磷的含量随着底泥深度的增加而减小,最后趋于稳定。氮、磷的活跃区域主要分布在沉积物的表层,即垂向深度小于 4 cm。因此,在分析沉积物-水界面营养盐的释放和迁移时,主要集中在沉积物垂向深度小于 4 cm 的区域。图 4-2显示,3 个采样点底泥中总氮的变化规律较为一致,即凯氏氮的含量随着深度的增加而减小。其中,虎头门和澳头底泥中凯氏氮随着底泥深度增加,其变化程度越来越小;而深水港底泥中的凯氏氮在所测定的范围内仍随深度具有较明显的变化趋势,推测随着深度增加其变化也会变缓。一般而言,凯氏氮等于有机氮与氨氮的总和。根据 3 个采样点的实测氨氮、凯氏氮含量,可以容易地计算出有机氮在沉积物中的垂向分布(图 4-2)。有机氮含量随沉积物的垂向分布越来越小，最终趋近于 0，说明有机氮主要分布在沉积物的表层。排除异常点位，底泥总磷随着底泥深度增加而减小，最后趋于稳定。水产养殖不断增加的氮、磷负荷使得一些溶解态或颗粒态的氮、磷物质通过絮凝、吸附、沉降等作用而蓄积于沉积物表面，从而逐步增加了表层沉积物中氮、磷含量，说明大亚湾(特别是渔排附近)底泥中的氮、磷释放到上覆水中的量较大。

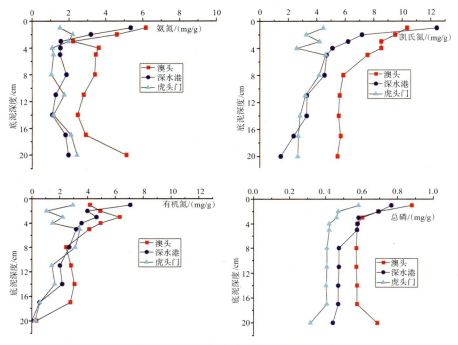

图 4-2　沉积物中氮、磷的垂向分布

孔隙水中氮、磷在底泥中的垂向分布如图 4-3 所示。3 个取样点孔隙水中氨氮的浓度均随着底泥深度的增加而增大，最后趋于稳定。氨氮浓度的垂向梯度有利于氨氮从底泥孔隙水向水体中扩散。沉积物中氨氮的产生和去向受到多种条件的影响和制约，主要与底泥污染水平、生物作用大小、氧化还原状态及水动力影响程度等有关。在污染水域，如澳头采样点，底泥中有机质丰富，表层微生物数量众多，相对于非污染区域如虎头门采样点，生物分解作用显著而使近表层底泥缺氧，容易形成还原环境，生物参与的反硝化作用和氨化作用较明显，使表层间隙水接纳更多的氨气。虎头门孔隙水中的总氮在底泥深度为

1 cm 时开始变化,但是总体上没有另外 2 个采样点变化明显。在底泥的同一深度,澳头孔隙水中的总氮含量最大,这主要与该处的地理环境和人为干扰有关,其地处大亚湾内部狭窄处,受到污染后,污染物不易扩散到外海。相对于上层,下层沉积物通常缺氧程度较高,不仅适宜厌氧微生物活动、反硝化和氨化作用、自高价态氮向铵态氮等低价态氮转化,并且下层水动力扰动作用较小,比上层沉积物更有利于氨氮和总氮在沉积层中保存,因而下层沉积物中的氨氮和总氮比上层的含量高。总的来说,氨氮与总氮沿沉积物垂向的变化规律基本一致,但是亚硝态氮却始终相对平稳。

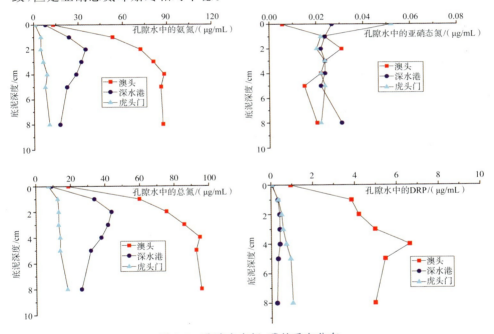

图 4-3　孔隙水中氮、磷的垂向分布

4.1.4　孔隙水扩散通量模型

仅考虑沉积物-上覆水界面处的营养盐交换通量,利用沉积物-水界面处的氮、磷扩散通量,可运用菲克第一定律获得式(4-1):

$$F = \varphi_0 D_s \left(\frac{\partial C}{\partial z} \right)_{z=0} \tag{4-1}$$

式中,F 为通过沉积物-上覆水界面的扩散通量,φ_0 为表层沉积物的孔隙度,$\left(\frac{\partial C}{\partial z} \right)_{z=0}$ 为沉积物-上覆水界面的营养盐浓度梯度,D_s 为考虑了沉积物弯曲效应的实际分子扩散系数。

沉积物弯曲度的测量非常困难,乌尔曼等人给出了真实扩散系数 D_s 与孔隙度 φ 之间的经验关系式:

$$\begin{cases} D_s = \varphi D_0 & \varphi < 0.7 \\ D_s = \varphi^2 D_0 & \varphi > 0.7 \end{cases} \qquad (4\text{-}2)$$

式中,D_0 为营养盐在无限稀释溶液中的理想扩散系数。对于 DRP,$D_0 = 7.0 \times 10^{-6} \ cm^2/s$;对于氨氮,$D_0 = 17.6 \times 10^{-6} \ cm^2/s$。

将孔隙水中的营养盐含量对底泥沿垂向深度进行拟合,如表 4-2 和表 4-3 所示,再进一步对深度 z(z 指以底泥-水界面为零点的垂向深度)进行求导,求出沉积物-水界面处的 $\left(\dfrac{\partial C}{\partial z}\right)_{z=0.1\ cm}$。(注:这里的 z 不可能做到绝对意义上的沉积物-水界面,因此取 $z = 0.1 \ cm$ 处的营养盐浓度梯度。)

表 4-2　大亚湾沉积物-水界面氨氮浓度对深度的拟合方程

测点位	拟合曲线	R^2	$dC/dz \ /[\mu g/(mL \cdot cm)]$
澳头	$C = 58.015z - 12.213z^2 + 0.791z^3$	0.993	55.596
深水港	$C = 30.849z - 8.23z^2 + 0.581z^3$	0.984	29.220
虎头门	$C = 4.245z - 0.792z^2 + 0.053z^3$	0.981	4.088

表 4-3　大亚湾沉积物-水界面 DRP 浓度对深度的拟合方程

测点位	拟合曲线	R^2	$dC/dz \ /[\mu g/(mL \cdot cm)]$
澳头	$C = 3.622z - 0.761z^2 + 0.048z^3$	0.985	3.471
深水港	$C = 0.379z - 0.096z^2 + 0.007z^3$	0.990	0.360
虎头门	$C = 0.309z - 0.036z^2 + 0.002z^3$	0.993	0.302

从表 4-2 和表 4-3 的拟合结果可以看出,3 个采样点的拟合效果均很好($R^2 > 0.98$),说明采用该拟合线型计算营养盐浓度梯度是合理可行的。根据所测得的 3 个采样点沉积物沿垂向方向的孔隙率 φ,沉积物在 0~4 cm 深度为活跃区,因此采用沉积物 0~4 cm 的平均孔隙率。3 个采样点沉积物 0~4 cm 深处的平均孔隙率为澳头 58.5%、深水港 52%、虎头门 50.3%,均小于 70%。根据式(4-2),计算出 3 个采样点营养盐的真实扩散系数。再根据式(4-1),并假设澳头、深水港和虎头门水产养殖区域影响面积均为 0.25 km^2,计算出 3 个采样

点营养盐的扩散通量,如表 4-4 所示。

表 4-4　大亚湾不同区域沉积物氨氮和 DRP 的释放速率及通量

项目	点位	D_s/(cm²/s)	φ_0	F/[mg/(m²·d)]	面积/km²	释放量/(t/a)
氨氮	澳头	10.30×10^{-6}	0.750	371.070	0.25	33.847
	深水港	9.15×10^{-6}	0.618	142.759	0.25	13.030
	虎头门	8.85×10^{-6}	0.488	15.254	0.25	1.392
DRP	澳头	4.10×10^{-6}	0.75	9.211	0.25	0.840
	深水港	3.64×10^{-6}	0.618	0.700	0.25	0.064
	虎头门	3.52×10^{-6}	0.488	0.448	0.25	0.041

　　从表 4-4 可以看出,大亚湾 3 个采样点的氮、磷释放明显。正如前面的分析,澳头采样点的释放速率最高,氨氮释放速率高达 371.070 mg/(m²·d),DRP 释放速率达 9.211 mg/(m²·d),比滇池福保湾底泥的氨氮释放速率[约为 160 mg/(m²·d)]和 DRP 释放速率[约为 4.0 mg/(m²·d)]高得多(李宝等,2008),说明大亚湾海湾处的水产养殖区域氮、磷污染非常严重。一方面,大亚湾水产养殖区域的沉积物向水体提供了营养盐,维持了大亚湾的初级生产力;另一方面,按照表 4-4 中给出的 3 个采样点氮、磷的年释放量,如大亚湾澳头测站氨氮年释放量约为 33.8 t,DRP 约为 0.84 t,即使是在外源营养物得到有效控制后,这样的影响也将持续多年。大亚湾水产养殖区域多数是以渔排养殖为主,这样的养殖方式看起来规模不大,但是随着人们对海产品需求量的增加,海产养殖在数量和规模上都呈现递增的趋势。为此,有必要采取相应的环境管理和规划措施,在满足人类对海产品需求的同时,不会对整个水生态环境造成不可逆转的影响。

4.2　光照对底泥氮、磷释放的影响

　　营养盐在沉积物-水界面的释放取决于生物所需营养盐分解的难易程度、氧化还原电位、pH、温度及水动力条件等。氧化还原电位、pH、温度、水动力条件等因素对营养盐在沉积物-水界面上动态变化的影响的相关研究相对较多,而光照对沉积物-水界面上营养盐动态变化的影响的相关研究却相对较少。光照是影响营养盐动态变化的重要因素之一,特别是在浅水区,光照能够直接照射到沉积物-水界面上,这对沉积物-水界面上营养盐的动态变化有着重要的影

响。实验将大亚湾采集到的底泥在不同的光照强度下培养,探究了不同光照强度对沉积物中氮、磷动态变化的影响。

4.2.1 大亚湾底泥-水界面光照强度的确定

照度为 0 时一般为黑夜条件,而照度最大值一般出现在正午太阳直射地面的时候。广州的年平均总照度为 15 000 lx(王爱英等,2011)。光线通过水体时,其能量会减少,这主要由吸收和散射两个方面引起(张运林等,2005)。吸收效应由水中的水分子、溶解性物质、浮游藻类和悬浮颗粒对光的直接吸收产生,散射效应主要指水分子、浮游生物和悬浮颗粒对光的散射使光束偏离原来的路径而造成光能损失,光学衰减系数反映的是两者总效应(张运林等,2005)。结合大亚湾实际情况,大亚湾水深为 5 m 左右,且属于贫营养水体,其透明度为 4.48 m(黄良民,1989),真正进入水体中光线的照度为 14 220 lx,再计算得到在水深 5 m 处的自然光照强度为 2 351 lx。本实验利用白炽灯作为光源来模拟不同光照条件对底泥营养盐释放的影响。根据《建筑物照明设计标准》(GB 50034—2013),如果认定底泥-水界面为工作面,设计光源的位置位于其正上方,且高度大于 0.75 m。考虑到玻璃管长度、灯管和灯座的长度,故设计木箱高度为 1.2 m,木箱底部长和宽分别为 30 cm 和 40 cm。白炽灯 1 W 能够产生 14 lm 的光通量,而荧光灯 1 W 能够产生 50 lm 的光通量。A 为光照射面积,该方案中 $A = 0.12$ m²。大亚湾海水 5 m 深处的照度为 2 351 lx,$A = 0.12$ m²,计算出光通量为 282.12 lm。因白炽灯 1 W 的光通量为 14 lm,故需要 20 W 的白炽灯或者 6 W 的荧光灯才能在室内模拟的底泥-水界面上产生 2 351 lx 的照度(相当于水深 5 m 处的自然光照强度)。

因此,根据市场所卖的荧光灯种类,选用了 3 W、5 W、9 W、13 W、15 W、23 W 的荧光灯作为光源模拟不同的光照强度,对底泥-水界面氮磷释放随时间的变化做实验研究。选择这些照度的荧光灯的目的是希望涵盖不同的时间如上午、中午和傍晚或者不同季节的光照强度。室内模拟条件下,荧光灯功率与底泥-水界面接收的照度关系如表 4-5 所示。

表 4-5　实验条件下荧光灯功率与底泥-水界面接收照度的关系

荧光灯功率/W	0	3	5	9	13	15	23
底泥-水界面接收照度/lx	0	1 175.5	1 959.2	3 256.5	5 093.8	5 877.5	9 012.2

4.2.2 不同光照强度下底泥培养

从澳头采集的柱样中取 14 个用于模拟不同光照强度对底泥中营养盐释放的影响。模拟不同光照强度对底泥营养盐动态变化的培养装置如图 4-4 所示。每个培养箱中放 2 个柱样,向其中一个柱样通以氧气,将另一个柱样密封使其处于缺氧状态,培养温度设定为 25 ℃±1 ℃。以人造光作为光照条件,在培养箱顶部分别安装 0 W、3 W、5 W、9 W、13 W、15 W、23 W 的冷光灯为光源。取样周期为 1 d,每次取上覆水样 100 mL,然后根据取走的量,轻轻地将原样海水加入培养装置中,同时需要更换新的氨氮吸收瓶。用 0.45 μm 的滤膜过滤采集的水样,测定其氨氮、DRP、总氮、pH。

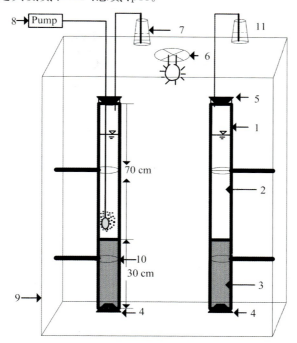

1—玻璃柱;2—上覆水;3—底泥;4、5—活塞;6—光源;7—氨氮吸收瓶;8—充氧泵;
9—底泥培养箱;10—底泥柱固定铁圈;11—稀硫酸吸收液。

图 4-4 沉积物-水界面氮、磷释放培养装置

4.2.3 光照强度对营养盐在底泥-水界面释放的影响分析

4.2.3.1 氨氮的变化

底泥柱在通氧和未通氧的不同光照强度下培养,在不同时间点对底泥柱上

覆水的氨氮浓度进行测量,氨氮浓度随时间的变化如图4-5所示。在无氧环境下,上覆水中的氨氮浓度在培养11 d内总体趋势是增加的,随后逐渐下降。在无光照(0 W)时,海水中的微藻无法进行光合作用,使得上覆水中的氨氮含量最大;光照强度为13 W、15 W、23 W时,光照很充分,水体中的微藻进行光合作用吸收氨氮,导致此时的氨氮含量较低。在光照强度为13 W时,上覆水中的氨氮含量最低,说明水体中所产生的微藻含量较大,这个强度较适合微藻的生长和繁殖,这与刘玉生等(1995)的研究结论吻合。刘玉生等(1995)的研究表明,光照强度1 000~5 000 lx,随光强的增加,微囊藻增殖速率也增加。随着培养时间的延长,在不同的光照强度下,上覆水中氨氮的含量均有所下降,只是在无光照和弱光照条件下上覆水的氨氮含量依然较高,这主要是因为沉积物中的氨氮含量释放到一定程度时趋于平衡。在有光照驱动时,水中的微藻继续利用氨氮作为营养盐,因此在这个阶段,上覆水中的氨氮含量逐渐降低。有氧培养时,光照强度对上覆水中的氨氮含量几乎不产生影响,且氨氮含量不随培养时间而变化。在有氧条件下,好氧微生物占主导,大量吸收从沉积物-水界面释放的氨氮作为营养盐生长和繁殖,氨氮从沉积物-水界面的释放浓度与微生物的吸收浓度达到了相对平衡。在培养期的28 d内,氨氮从沉积物-水界面源源不断地释放供微生物进行硝化作用,维持着生态平衡。以上分析说明在有氧条件下,氨氮更容易在沉积物-水界面处释放,供水体中的微生物利用;而在无氧条件下,当培养达到某时段(如11 d)后,氨氮在沉积物-水界面的释放速率降低,不足以维持微藻对其的吸收,导致海水中氨氮浓度降低。

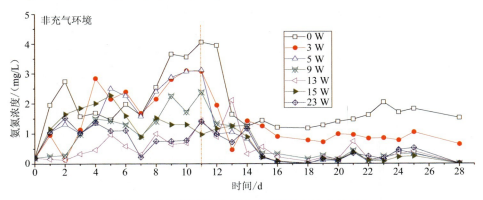

图4-5　沉积物培养过程中上覆水氨氮浓度的变化

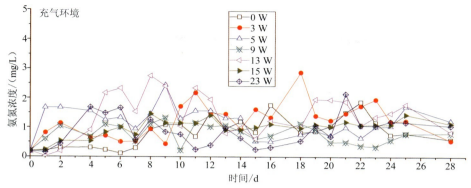

图 4-5　沉积物培养过程中上覆水氨氮浓度的变化(续)

4.2.3.2　总氮的变化

培养柱上覆水中总氮随时间的变化趋势如图 4-6 所示。在同一光照强度下,通氧底泥柱中上覆水总氮浓度和缺氧底泥柱中上覆水总氮浓度比较接近,它们随时间的变化趋势也较为一致。这些底泥柱在培养到约 12 d 的时候,总氮浓度都会出现一个较大的峰值,随后逐渐下降,到最后趋于稳定。

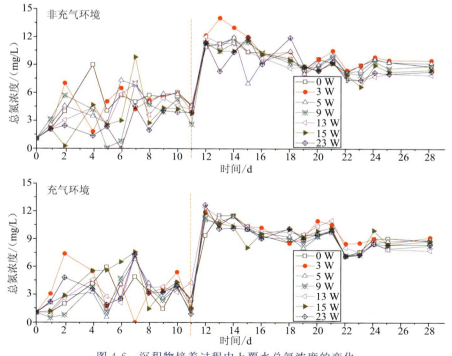

图 4-6　沉积物培养过程中上覆水总氮浓度的变化

4.2.3.3 DRP 的变化

培养柱中 DRP 随时间的变化如图 4-7 所示。在无光照和底泥处于 3 W、5 W 灯泡照射下时,有氧底泥柱中的 DRP 浓度较缺氧底泥柱中的小,这主要是由于低氧或者缺氧环境更有利于 DRP 从底泥释放到上覆水中。在缺氧条件下,随着光照强度的增大,底泥释放的 DRP 迅速被底泥柱上覆水中的浮游藻类所吸收,因此 DRP 浓度随之降低。

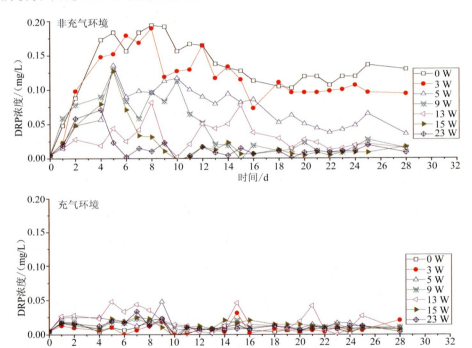

图 4-7　沉积物培养过程中上覆水 DRP 浓度的变化

4.2.4　光照强度对沉积物-水界面营养盐交换通量的影响

对上述的测量数据进行通量分析,通量公式如下:

$$\gamma = \frac{V(C_n - C_0) + \sum_{j=1}^{n} V_{j-1}(C_{j-1} - C_a) + \sum_{j=1}^{n} T(\mathrm{NH_3})_j}{t \cdot A} \qquad (4\text{-}3)$$

式中,γ 为沉积物-水界面营养盐的直接测定通量[mg/(m² · d)];V 为实验柱中上覆水的体积(L);C_n 为第 n 次采样时底泥表面上某营养物的浓度(mg/L);

C_a 为添加原水后实验溶液中营养物的浓度（mg/L）；C_0 为水的初始营养物的浓度（mg/L）；n 为采水样的次数；C_{j-1} 为第 $j-1$ 次采样时某物质的含量；V_{j-1} 为第 $j-1$ 次采样的体积（L）；$T(NH_3)_j$ 为第 j 次采水样时氨氮收集器溶液中氨氮的质量（mg）；A 为与水接触的底泥面积（m²）；t 是实验测量的时长（d）。当营养物质为磷时，式中的最后一项不存在。

不同光照强度下氨氮和 DRP 的交换通量如图 4-8 所示。

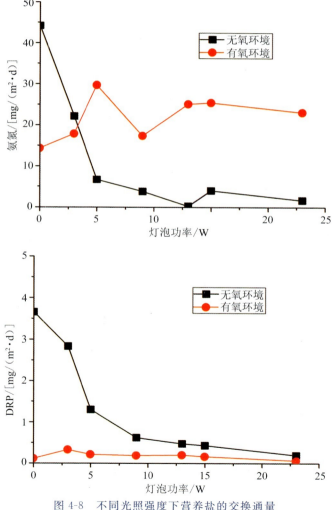

图 4-8　不同光照强度下营养盐的交换通量

4.3 水流对底泥氮、磷释放的影响

上述研究在静态条件下进行,忽略了水动力因素对营养盐在沉积物-水界面的释放影响。下面介绍水动力条件对大亚湾沉积物营养盐释放的影响实验结果。

4.3.1 实验装置及测量

实验装置的横剖面和纵剖面如图 4-9 所示。实验玻璃缸的规格为 40 cm×20 cm×30 cm,由有机玻璃制成,实验玻璃缸四周用铝箔纸包裹以防止藻类在光照刺激下生长。玻璃缸上覆面开有 2 个小孔:当需要通气时,通气管和气石由其中一孔进入玻璃缸的水体中,不需要通气时封闭此孔;另一孔作为取样口。玻璃缸底部装有 2 块底泥玻璃挡板,采集到的底泥则放置在两挡板之间,目的是防止水流对底泥的冲刷。通气气石放置在底泥挡板外,目的是尽量避免通气时卷动底泥。玻璃缸两侧具有水管与玻璃缸的连接口,用于连接流量计,使水体流动和循环。玻璃缸底泥厚度为 10 cm,底泥上覆水为用自来水调制的海水(盐度为 32),目的是尽量避免天然水体中藻类、微生物等对氮、磷在沉积物-水界面的释放的影响。水流流速由流量计控制。水流断面面积没发生改变,因此可以被认为是恒定均匀流。

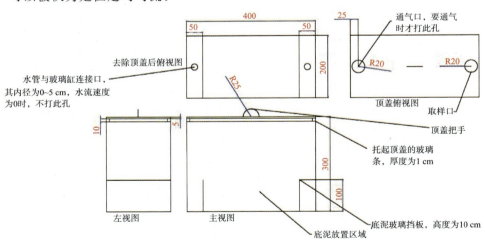

说明:1. 该装置中玻璃的厚度为 5 mm。2. 该装置共分为 5 组,每组有 2 个玻璃水缸,其中有一组的 2 个水缸的底都不需要打与离心泵相连接的孔。3. 本实验所需的离心泵共 4 组,每组有 2 个离心泵,每组中的 2 个离心泵的各项参数完全一致。每组离心泵的流量分别为 1.8 L/min、3.6 L/min、5.4 L/min、7.2 L/min。

图 4-9 实验装置

于 2012 年 8 月 6 日赴大亚湾用抓斗式底泥采样器采集澳头的混合底泥样品。采集沉积物表层底泥,置于聚乙烯塑料桶内密封保存,并迅速带回实验室进行动态培养,弃去较大石块、有机碎屑、底栖生物、垃圾等,然后充分搅拌并混合均匀。可以认为经过充分混合后的底泥各个部分的理化性质相同。再将充分混合后的底泥置于图 4-9 所示的底泥放置区域,底泥深度为 10 cm。将底泥表层轻轻刮平整,再往底泥上表层添加 12 L 人工海水。实验分为 5 组,每组设置通气和不通气 2 个对照组。本实验采用水泵来驱动水流,水泵流量分别为 0 L/h、210 L/h、240 L/h、320 L/h、700 L/h,相应的平均流速为 0 cm/s、0.21 cm/s、0.24 cm/s、0.32 cm/s、0.70 cm/s。测定指标为水体的氨氮、DRP、pH、水温、DO。培养时间为 15 d。

平均流速计算(以水泵流量为 210 L/h 为例):

$$水深 = \frac{12 \times 10^{-3} - 0.05 \times 0.1 \times 0.2}{0.4 \times 0.2} = 0.137\ 5(m);$$

$$流速 = \frac{0.21}{3\ 600 \times 0.137\ 5 \times 0.2} = 0.21(cm/s)。$$

在室内培养底泥的过程中,每日需要测定的上覆水的参数有 pH、温度、DO、氨氮、DRP。其中 pH 由酸度计测定,温度和 DO 由溶氧仪测定,氨氮采用靛酚蓝分光光度法测定,DRP 采用钼锑抗分光光度法测定。

4.3.2　实验结果及分析

图 4-10 给出了实验过程中水温随时间的变化曲线。从图中可以看出,流速(v)对水温具有一定的影响。当流速较大时,水泵所需机械能较大,相应的机械能转化为热能使水温升高。但是在培养过程中,水温几乎处于稳定状态。在充氧和不充氧条件下,水温随流速、时间的变化趋势一致。

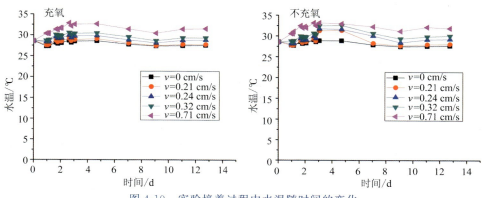

图 4-10　实验培养过程中水温随时间的变化

图 4-11 给出了实验培养过程中水体 DO 浓度随时间的变化曲线。在充氧情况下,水体中 DO 几乎处于饱和状态,并且随培养时间的延长,DO 的变化幅度不大,可认为水体中 DO 能充分满足水体和底泥中好氧微生物生长的需要。在不充氧的情况下,水体中的 DO 浓度迅速降低,甚至接近 0。特别是当培养 2 d 后,水体中的 DO 浓度接近 0,这时水体处于缺氧状态,仅有沉积物中的厌氧微生物对氮、磷等营养物质起作用。

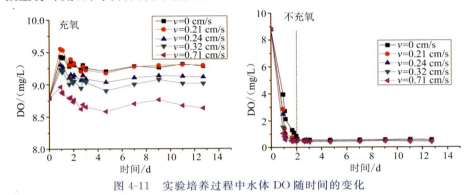

图 4-11　实验培养过程中水体 DO 随时间的变化

图 4-12 给出了实验培养过程中水体氨氮浓度随时间的变化曲线。随着培养时间的延长,无论是充氧还是不充氧条件下,水体氨氮均在增加,只是增加的程度不一样。当充氧时,氨氮浓度在培养 15 d 后增加到 1.1 mg/L 左右;而在不充氧时,氨氮浓度增加到 1.5 mg/L 左右。

在不同流速条件下,氨氮在沉积物-水界面的释放情况也不同,其释放速度随着流速的增加而增大。这表明在流速增大时,沉积物-水界面上的紊动边界层厚度增加,有利于氨氮在边界层的迁移扩散。

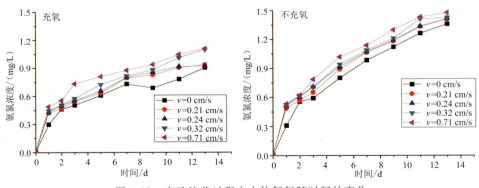

图 4-12　实验培养过程中水体氨氮随时间的变化

图 4-13 给出了实验培养过程中水体 DRP 随时间的变化情况。在有氧条件下，水中的 DRP 浓度几乎不变，含量较少。而在厌氧环境下，水中的 DRP 浓度随着流速的变化也发生较大变化，总体上是随着培养时间的推移，水体 DRP 浓度逐渐增加到一定值后，呈稳定状态。其释放速率随着水体流速的增大而增大。

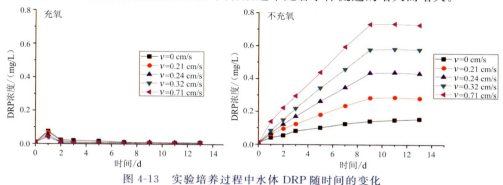

图 4-13　实验培养过程中水体 DRP 随时间的变化

4.3.3　动态培养下氮、磷释放速率的计算

根据质量守恒原理，氮或磷的释放速率计算如式（4-4）和（4-5）：

$$\varphi = \frac{dC}{dt} \cdot \frac{V}{A} \tag{4-4}$$

$$\frac{dC}{dt} = \xi(C' - C_0) \Rightarrow C = C' - (C' - C_0)\exp(-\xi t) \tag{4-5}$$

式中，V 为实验柱中水的体积（L）；C 为第 n 次采样时底泥表面上营养物的浓度（mg/L）；C_0 为初始营养物浓度；C' 为最大释放浓度；ξ 为营养物释放系数（d^{-1}）；t 为培养时间（d）；A 为接触的底泥面积（m^2）；φ 为氮或磷的释放速率[$mg/(m^2 \cdot d)$]。

根据式（4-4）和（4-5）计算得到的氨氮、DRP 在培养时间段内的释放速率如表 4-6 和图 4-14 所示。从表 4-6 和图 4-14 可以看出，氨氮在动态培养条件下，无论是在通气或不通气情况下，其释放速率均随着水体流速的增大而增大，且基本不受通气的影响，随着流速呈线性递增趋势，其线性相关性表现为

$$R = 39.633v + 54.872 \tag{4-6}$$

而 DRP 在有氧或无氧的动态培养下，其释放速率差异较大。在有氧条件下，其释放速率不随水体流速的变化而变化，几乎为 0；而在无氧条件下，其释放速率随水体流速的增大而增大，并呈现出线性相关性：

$$R = 22.59v + 5.74 \tag{4-7}$$

表 4-6　氨氮、DRP 动态培养下的释放速率

营养盐	流速/(cm/s)	$\varphi/[\mathrm{mg}/(\mathrm{m}^2 \cdot \mathrm{d})]$(有氧)	$R/[\mathrm{mg}/(\mathrm{m}^2 \cdot \mathrm{d})]$(无氧)
氨氮	0	55.083	51.047
	0.21	60.933	64.220
	0.24	65.850	68.398
	0.32	66.666	70.000
	0.71	83.863	79.970
DRP	0	0.000	5.746
	0.21	−0.016	8.887
	0.24	0.000	11.438
	0.32	−0.016	14.672
	0.71	−0.047	21.390

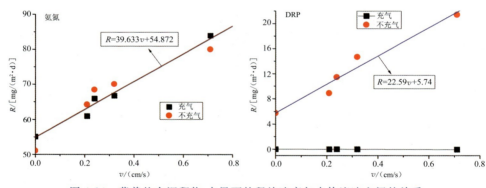

图 4-14　营养盐在沉积物-水界面的释放速率与水体流速之间的关系

4.3.4 三种条件下的通量比较

从上述各节的介绍可知,关于氮、磷在沉积物-水界面的交换,可通过三种方式进行分析:① 菲克扩散定律;② 静态培养实验分析;③ 动态培养实验分析。图 4-15 给出了三种情况下的氮、磷在沉积物-水界面的交换通量,其中,动态实验仅在澳头采样点取沉积物。从图中可以看出,通过经典的菲克定律所计算得到的氨氮、DRP 的扩散通量远远大于由静态培养实验和动态培养实验所得到的交换通量。这主要是因为通过菲克定律所计算的扩散通量仅仅是一个理论值;在实际的交换过程中,受到各种外界条件的影响,氮和磷在沉积物-水

界面的扩散通量发生变化。

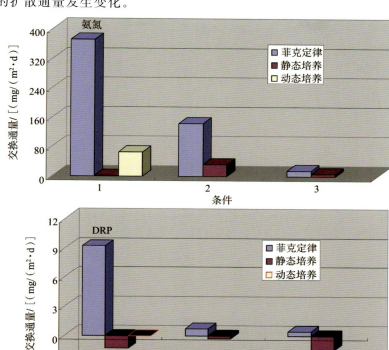

图 4-15　三种条件下氮、磷在沉积物-水界面的交换通量比较

　　比较静态实验和动态实验的结果发现,动态实验分析得到的交换通量大于静态实验分析得到的交换通量。这主要是因为在动态实验中,考虑了水体流动,特别是沉积物-水界面上的边界层厚度在水体流动的带动下增大,加速了氮和磷在沉积物-水界面的释放和扩散。考虑到海湾中风、潮汐等水体流动作用的影响,可以认为通过动态实验分析得到的氮和磷在沉积物-水界面的交换通量与实际情况更吻合。由于在大亚湾监测到水体中的 DO 浓度在水表面和水下 5～6 m 处均大于 5 mg/L,可认为水体是有氧的,那么 DRP 在沉积物-水界面的交换通量几乎等于 0。

小结

　　本篇介绍了定点和大面巡航监测现场监测数据,分析了示范海湾关键生态过程及理化要素、生物要素间的相互作用特征,得出水质和生态要素沿水深的变化规律,掌握了全海域的水质和生态要素的时空分布,为模型结构搭建和验证提供科学依据和基础数据。在此基础上,采用现场受控的围隔实验和沉积物底泥释放实验,为将内源影响引入数学模型提供了污染物释放强度和规律的数据支持。本章内容总结如下。

A. 大亚湾理化因子时空分布特征

　　通过大面巡航监测结果分析得知,大亚湾常规理化因子的空间分布特征为盐度总体呈现出湾口高于湾内的分布趋势,浊度总体呈现出近岸海域逐渐向外海降低的分布趋势;大亚湾氧平衡因子的空间分布特征为 COD 呈现出近岸海域高于远岸海域的分布趋势(高值区主要集中在人类活动频繁的澳头及大鹏一带湾内区域),DO 的空间分布趋势在不同季节存在较大变化;大亚湾营养盐因子的空间分布特征为氨氮在不同季节均呈现出近岸海域高于湾口海域的分布趋势,DIN 的分布趋势与氨氮较为相似,表明氮营养盐的变化受人类活动影响明显,DIN 的变化主要受氨氮控制。

B. 大亚湾生态特征

　　大面巡航监测结果表明,大亚湾浮游藻类以硅藻为主要类群,硅藻占浮游藻类的 70%～93%,其次为甲藻,其他的少量藻类为金藻门、绿藻门以及蓝藻门的种类。夏季浮游藻类优势种比较单一,冬、秋季浮游藻类的多样性高于夏季。大亚湾浮游藻类细胞密度夏季最高,其次是秋季,最低是冬、春季。大亚湾浮游动物优势种群为桡足类。

　　通过定点监测结果分析得知,氮是大亚湾湾口营养盐的主要限制因子,呈氮限制中度营养或潜在性富营养水平。浮游藻类生物量呈现秋季＞冬季＞夏季＞春季的规律,垂向分布上其峰值主要出现在表、中层;浮游动物生物量呈现秋季＞夏季＞冬季＞春季的规律,垂直分布上其峰值主要出现在中、底层。统计学研究表明,表层叶绿素 a 含量主要与盐度存在显著的负相关关系,中层叶绿素 a 含量主要与氨氮存在显著的负相关关系,底层叶绿素 a 含量主要与总无机碳、pH 及亚硝态氮等因子存在相关关系。总体来看,叶绿素 a 含量与理化因子之间的关系非常复杂。

C. 基于围隔实验的营养盐对大亚湾海域浮游藻类群落结构的影响

围隔实验表明,大亚湾海域浮游藻类生长的限制性营养盐为氮,营养盐氮或磷单独增加不会引起藻华暴发,同时添加多种营养盐对浮游藻类生长的作用远远大于单独添加氮或磷,更易于形成藻华。浮游藻类优势种演替与营养盐浓度和组成有关,营养盐的添加改变了浮游藻类群落结构,使香农-维纳多样性指数、均匀度、丰富度降低,单纯度增加。在单独添加氮或磷的围隔中,分批添加的围隔中叶绿素 a 含量以及藻细胞丰度稍稍低于一次性添加等量营养盐的围隔;同时添加多种营养盐时,分批添加的围隔中叶绿素 a 含量和藻细胞丰度均高于一次性添加营养盐的围隔。此外,一次性添加营养盐的围隔细菌菌群数量和种类要多于每天等量添加营养盐的围隔。

D. 营养盐底泥释放特征

从营养盐底泥释放特征的实验研究可知:① 大亚湾典型水产养殖区附近底泥的氮、磷营养盐浓度较高,养殖海域成为一个极具潜力的污染内源,通过计算得到监测站位的氨氮、DRP 的释放通量、年释放量和内源污染程度。② 通过光照强度实验得出,在有氧培养下,当光照强度在约 5 000 lx 时,氨氮随时间的变化率出现了一个拐点,而当光照强度低于 5 000 lx 时,水体中的藻类生长较快,吸收氨氮的量较大;在同一光照强度下,通气底泥柱中上覆水总氮浓度和缺氧底泥柱中上覆水总氮浓度较为接近,它们随时间的变化趋势也较为一致;而光照对 DRP 在沉积物-水界面的交换影响不明显。③ 通过改变沉积物-水界面上覆水流动速度的室内实验,分析了上覆水流动速度对氮和磷在沉积物-水界面的交换影响。结果表明,在不同流速条件下,氨氮释放速率随着流速的增加而增大。在有氧条件下,水中的 DRP 浓度几乎不变,含量较少;而在厌氧环境下,水中的 DRP 随着流速的变化,逐渐增加到一定值后呈稳定状态,释放速率随着水体流速的增大而增大。氨氮在动态培养条件下,无论是在充氧还是不充氧情况下,其释放速率均随着水体流速的增大而增大,基本不受充气的影响,随着流速呈线性递增趋势。而 DRP 在有氧和无氧的动态培养下,其释放速率差异较大。在有氧条件下,其释放速率不随水体流速的变化而变化,几乎为 0;而在无氧条件下,其释放速率随水体流速的增大而增大,并呈现出线性相关性。

E. 观测和实验结果对数学模型构建的启示

从主要物理、化学和生态因子的变化和相互作用关系分析可以看出:① 示范研究海域的物理过程和生化过程的耦合作用显著,需要在构建数学模型时将物理场模型(水动力模型)、化学场模型(水质模型)和微型生物食物网模型(生态动力学模型)紧密耦合;且在构建生态场模型结构时,不能过于追求生态因子的复杂程度,而应该注意加强关键生态因子筛选,并分析其与理化因子的联系。为此,针对示范海域,后续模型建立摒弃了过于追求生态因子的复杂程度的一维模型,转而把研究重点放在了二、三维物理场、化学场和微型生物食物网耦合模型上。② 示范海域呈氮限制中度营养或潜在性富营养水平,多数情况下硅藻是浮游藻类的优势种。为此,构建水质和生态动力学模型时,以构建较为完整的氮限制模型为主,兼顾其推广性,引入相对简单的磷变量。③ 外源和内源污染均较为显著,因此,构建模型时,需同时考虑污染物的外源输入过程、内源释放过程和其在微型生物食物网中的循环过程。④ 在示范研究海域,浮游动物生长动力学受盐度、温度等影响明显,需考虑温度、盐度的外部驱动作用(即温度、盐度的边界条件及初始场需较为准确地设定);大亚湾浮游动物优势种群为桡足类,其对浮游藻类的摄食能力较强,模型率定时应适当调高该类参数。

这里需要说明的是,本篇介绍的作为开发近岸海域环境与生态数字化实时管理系统前期基础数据与参数准备所进行的监测和实验研究,其方案设计是针对示范海域大亚湾的环境特点和建模需求而定的。当针对不同海域进行上述工作时,在参考这里介绍的工作的基础上,应结合不同海域的特点和系统开发需求,因地制宜和因需制宜地设计各自前期基础数据与参数准备必需的监测和实验方案。

第二篇 水环境及生态动力学模型准备

　　水动力学、水质和生态学模型是水域数字化实时管理系统的核心组成部分，因此模型准备是系统开发的又一项重点工作。对于海湾和近岸海域等宽敞水域，显然只能使用二维或三维模型。作为示范，本篇的介绍针对广东的大亚湾和广西的北部湾，分别采用了二维模型和三维模型（包括溢油模型），以及正交网格和非结构化网格，以利分享更多的经验。阐述中展示了如何将上篇介绍的监测和研究成果结合到模型中，以确定合理的模型参数，获得可靠的模拟结果。

第5章　二维理化与生态动力学数学模型

本章以广东的大亚湾为对象建立二维理化与生态动力学模型。

5.1　水动力学数学模型

　　自然界中的水体运动实质上都是三维问题,即在直角坐标系的 x、y、z 方向的流速都有变化。为了简化数值模拟和减少计算工作量,可以根据水体物理特性的不同分为一维、二维或三维问题来研究。若研究对象为较浅的河口、海湾、湖泊等处的水体,其垂向尺度远小于水平尺度,流速在垂直方向的大小和变化都远小于在水平方向的大小和变化,其流动特征可用沿垂向积分后的物理量表示。图 5-1 为水动力学数学模型的坐标系统示意图。对于水深较小的水体,其水平(x、y 方向)尺度一般在 $10^3 \sim 10^5$ m 量阶,而其垂向(z 方向)尺度一般在 $10^1 \sim 10^2$ m 量阶,可将其水体运动视为浅水流动,可应用二维水动力学模型对其进行模拟。

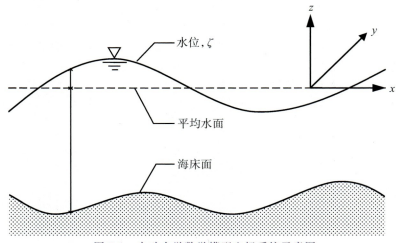

图 5-1　水动力学数学模型坐标系统示意图

5.1.1　模型的控制方程

连续性方程：

$$\frac{\partial \zeta}{\partial t}+\frac{\partial p}{\partial x}+\frac{\partial q}{\partial y}=S_{\mathrm{m}} \tag{5-1}$$

x 方向动量方程：

$$\frac{\partial p}{\partial t}+\frac{\partial (\beta p U)}{\partial x}+\frac{\partial (\beta p V)}{\partial y}=$$

$$fq-\frac{H}{\rho}\frac{\partial P_{\zeta}}{\partial x}-gH\frac{\partial \zeta}{\partial x}+\frac{\tau_{sx}}{\rho}-\frac{\tau_{bx}}{\rho}+\varepsilon\left(\frac{\partial^2 p}{\partial x^2}+\frac{\partial^2 p}{\partial y^2}\right)+U_{\mathrm{m}}S_{\mathrm{m}} \tag{5-2a}$$

y 方向动量方程：

$$\frac{\partial q}{\partial t}+\frac{\partial (\beta q U)}{\partial x}+\frac{\partial (\beta q V)}{\partial y}=$$

$$-fp-\frac{H}{\rho}\frac{\partial P_{\zeta}}{\partial y}-gH\frac{\partial \zeta}{\partial y}+\frac{\tau_{sy}}{\rho}-\frac{\tau_{by}}{\rho}+\varepsilon\left(\frac{\partial^2 q}{\partial x^2}+\frac{\partial^2 q}{\partial y^2}\right)+V_{\mathrm{m}}S_{\mathrm{m}} \tag{5-2b}$$

式中，x、y 为水平方向坐标，t 为时间，ζ 为水位，p、q 分别为 x 和 y 方向的单宽流量，U、V 分别为流速在 x 和 y 方向的分量，H 为总水深，h 为静水深，β 为动量修正系数，$f=2\omega\sin\theta$ 为柯氏力系数，ω 为地球自转角频率，θ 为纬度，g 为重力加速度，ρ 为海水密度，P_{ζ} 为自由水面处大气压强，τ_{sx}、τ_{sy} 分别为风应力在 x、y 方向的分量，τ_{bx}、τ_{by} 分别表示水体底部摩擦应力在 x、y 方向的分量，ε 为涡黏系数，S_{m}、U_{m}、V_{m} 分别为源项。

5.1.2　模型的离散格式与求解方法

水动力学控制方程采用空间交错网格系统对空间进行离散，将空间划分成许多单元，其中水位节点和流速或流量节点交错布置于单元的中心和两边，地形节点位于单元的角点，如图 5-2 所示。采用交替方向隐格式法求解方程组。该方法的特点是在对方程进行差分离散时，将每一时间步长分为两半：在前半个时间步长内，将连续性方程与 x 方向动量方程联立，对 ζ、p 进行隐式求解，对 q 进行显式求解；在后半个时间步长内，将连续性方程与 y 方向动量方程联立，对 ζ、p 进行隐式求解，对 p 进行显式求解。差分方程可以化为三对角方程组，采用追赶法求解。该方法具有计算速度快、存储量小、稳定性好的特点。

在前半个时间步长内，将连续性方程与 x 方向动量方程联立，对 ζ、p 进行隐式求解，对 q 进行显式求解。连续性方程可离散为

$$\frac{\zeta_{i,j}^{n+1/2}-\zeta_{i,j}^n}{\Delta t/2}+\frac{p_{i+1/2,j}^{n+1/2}-p_{i-1/2,j}^{n+1/2}}{\Delta x}+\frac{q_{i,j+1/2}^n-q_{i,j-1/2}^n}{\Delta y}=S_{\mathrm{m}} \tag{5-3}$$

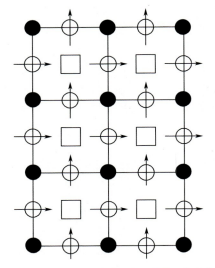

●—地形节点;□—水位点;○—流量、流速节点。

图 5-2　空间交错网格系统

式中,Δx、Δy、Δt 分别为 x、y 方向空间步长和时间步长,下标 i、j 分别代表 x、y 方向单元编号,上标 n 代表时间步长数,即 n、$n+1/2$ 分别代表时刻 $t=n\Delta t$、$t=(n+1/2)\Delta t$。整理上式可得:

$$a_{2i-1} \cdot p_{i-1/2,j}^{n+1/2} + b_{2i-1} \cdot \zeta_{i,j}^{n+1/2} + c_{2i-1} \cdot p_{i+1/2,j}^{n+1/2} = d_{2i-1} \tag{5-4}$$

其中,

$$a_{2i-1} = -\frac{\Delta t}{\Delta x} \tag{5-5a}$$

$$b_{2i-1} = 2 \tag{5-5b}$$

$$c_{2i-1} = \frac{\Delta t}{\Delta x} \tag{5-5c}$$

$$d_{2i-1} = 2 \cdot \zeta_{i,j}^{n} - \frac{\Delta t}{\Delta y} \cdot (q_{i,j+1/2}^{n} - q_{i,j-1/2}^{n}) + \Delta t \cdot S_{m} \tag{5-5d}$$

对于动量方程中的非线性项,即使在应用隐格式的情况下,也会产生不稳定现象。这里采用 3 个时间层对时间中心差来消除其不稳定性。

$$\frac{p_{i+1/2,j}^{n+1/2} - p_{i+1/2,j}^{n-1/2}}{\Delta t} + \beta \frac{(\hat{p}\hat{U})_{i+3/2,j}^{n} - (\hat{p}\hat{U})_{i-1/2,j}^{n}}{2\Delta x} + \beta \frac{(\tilde{p}\overline{V})_{i+1/2,j+1/2}^{n} - (\tilde{p}\overline{V})_{i+1/2,j-1/2}^{n}}{\Delta y} =$$

$$f \cdot \overline{q}_{i+1/2,j}^{n} - \frac{H_{i+1/2,j}^{n}}{\rho} \frac{(\overline{P_\zeta})_{i+1,j}^{n} - (\overline{P_\zeta})_{i,j}^{n}}{\Delta x} - gH_{i+1/2,j}^{n} \frac{\left(\dfrac{\zeta_{i+1,j}^{n+1/2} + \zeta_{i+1,j}^{n-1/2}}{2}\right) - \left(\dfrac{\zeta_{i,j}^{n+1/2} + \zeta_{i,j}^{n-1/2}}{2}\right)}{\Delta x} +$$

$$(\overline{\tau_{sx}})_{i+1/2,j}^{n} - \frac{g \cdot \dfrac{p_{i+1/2,j}^{n+1/2} + p_{i+1/2,j}^{n-1/2}}{2} \cdot \sqrt{(\hat{p}_{i+1/2,j}^{n})^2 + (\overline{q}_{i+1/2,j}^{n})^2}}{[(HC)_{i+1/2,j}^{n}]^2} +$$

$$\varepsilon\left(\frac{\hat{p}_{i+3/2,j}^{n} - 2 \cdot \hat{p}_{i+1/2,j}^{n} + \hat{p}_{i-1/2,j}^{n}}{\Delta x^2} + \frac{\hat{p}_{i+1/2,j+1}^{n} - 2 \cdot \hat{p}_{i+1/2,j}^{n} + \hat{p}_{i+1/2,j-1}^{n}}{\Delta y^2}\right) \tag{5-6}$$

式中，上标"＾"代表迭代修正值例如，上标"￣"代表周围网格点的平均值，上标"⌃"代表依照迎风格式取值，举例表示如下：

$$\hat{p}^{n} = \begin{cases} p^{n-1/2} & \text{第一次迭代} \\ \dfrac{1}{2}(p^{n+1/2} + p^{n-1/2}) & \text{以后各迭代} \end{cases} \tag{5-7}$$

$$\overline{V}_{i+1/2,i+1/2}^{n} = \frac{1}{2}(V_{i,j+1/2}^{n} + V_{i+1,j+1/2}^{n}) \tag{5-8}$$

$$\overline{q}_{i+1/2,j}^{n} = \frac{1}{2}\left(\frac{q_{i,j+1/2}^{n} + q_{i+1,j+1/2}^{n}}{2} + \frac{q_{i,j-1/2}^{n} + q_{i+1,j-1/2}^{n}}{2}\right) \tag{5-9}$$

$$\vec{p}_{i+1/2,j}^{n} = \begin{cases} p_{i+1/2,j-1}^{n} & \text{当 } V_{i+1/2,j}^{n} > 0 \\ p_{i+1/2,j+1}^{n} & \text{当 } V_{i+1/2,j}^{n} < 0 \end{cases} \tag{5-10}$$

整理动量差分方程可得：

$$a_{2i} \cdot \zeta_{i,j}^{n+1/2} + b_{2i} \cdot p_{i+1/2,j}^{n+1/2} + c_{2i} \cdot \zeta_{i+1,j}^{n+1/2} = d_{2i} \tag{5-11}$$

其中，

$$a_{2i} = -gH\frac{\Delta t}{\Delta x} \tag{5-12a}$$

$$b_{2i} = \left(2 + \Delta t \cdot \frac{g \cdot \sqrt{(\hat{p}_{i+1/2,j}^{n})^2 + (\overline{q}_{i+1/2,j}^{n})^2}}{[(HC)_{i+1/2,j}^{n}]^2}\right) \tag{5-12b}$$

$$c_{2i} = gH\frac{\Delta t}{\Delta x} \tag{5-12c}$$

$$d_{2i} = \left(2 - \Delta t \cdot \frac{g \cdot \sqrt{(\hat{p}_{i+1/2,j}^{n})^2 + (\overline{q}_{i+1/2,j}^{n})^2}}{[(HC)_{i+1/2,j}^{n}]^2}\right) \cdot p_{i+1/2,j}^{n-1/2} -$$

$$\beta\left[\begin{array}{l} \dfrac{\Delta t}{\Delta x}((\hat{p}\hat{u})_{i+3/2,j}^{n} - (\hat{p}\hat{u})_{i-1/2,j}^{n}) \\ + \dfrac{2\Delta t}{\Delta y}((\vec{p}\overline{v})_{i+1/2,j+1/2}^{n} - (\vec{p}\overline{v})_{i+1/2,j-1/2}^{n}) \end{array}\right] + 2\Delta t \cdot f \cdot \overline{q}_{i+1/2,j}^{n} -$$

$$\frac{H^n_{i+1/2,j}}{\rho}\frac{(\overline{P_\zeta})^n_{i+1,j}-(\overline{P_\zeta})^n_{i,j}}{\Delta x}-gH\frac{\Delta t}{\Delta x}(\zeta^{n-1/2}_{i+1,j}-\zeta^{n-1/2}_{i,j})+(\overline{\tau_{sx}})^n_{i+1/2,j}+$$

$$2\varepsilon\left[\begin{array}{l}\dfrac{\Delta t}{\Delta x^2}(\hat{p}^n_{i+3/2,j}-2\cdot\hat{p}^n_{i+1/2,j}+\hat{p}^n_{i-1/2,j})\\[2mm]+\dfrac{\Delta t}{\Delta y^2}(\hat{p}^n_{i+1/2,j+1}-2\cdot\hat{p}^n_{i+1/2,j}+\hat{p}^n_{i+1/2,j-1})\end{array}\right]\qquad(5\text{-}12\mathrm{d})$$

将差分方程组整理成如下形式：

$$\begin{cases}\cdots\\a_{2(i-1)}\cdot\zeta^{n+1/2}_{i-1,j}+b_{2(i-1)}\cdot p^{n+1/2}_{i-1/2,j}+c_{2(i-1)}\cdot\zeta^{n+1/2}_{i,j}=d_{2(i-1)}\\a_{2i-1}\cdot p^{n+1/2}_{i-1/2,j}+b_{2i-1}\cdot\zeta^{n+1/2}_{i,j}+c_{2i-1}\cdot p^{n+1/2}_{i+1/2,j}=d_{2i-1}\\a_{2i}\cdot\zeta^{n+1/2}_{i,j}+b_{2i}\cdot p^{n+1/2}_{i+1/2,j}+c_{2i}\cdot\zeta^{n+1/2}_{i+1}=d_{2i}\\\cdots\end{cases}\qquad(5\text{-}13)$$

共 $2I+1$ 个方程，其中连续性方程 I 个即 $i=1,2,\cdots,I$，动量方程 $I+1$ 个即 $i=0,1,2,\cdots,I$。代入水位或流量边界条件，即根据已知边界上的水位或流量对第一个方程和最后一个方程系数做适当修改，则上式中除 $\zeta^{n+1/2}_{i,j}$ 和 $p^{n+1/2}_{i+1/2,j}$ 外都是已知量，可写成三对角方程组，用追赶法求解。

在后半个时间步长内，将连续性方程与 y 方向动量方程联立，对 ζ,q 进行隐式求解，对 p 进行显式求解。将时间 n 替换为 $n+1/2$，同时将所有 x、y 方向的量交换位置：

$$\frac{\zeta^{n+1}_{i,j}-\zeta^{n+1/2}_{i,j}}{\Delta t/2}+\frac{p^{n+1/2}_{i-1/2,j}-p^{n+1/2}_{i-1/2,j}}{\Delta x}+\frac{q^{n+1}_{i,j+1/2}-q^{n+1}_{i,j-1/2}}{\Delta y}=S_{\mathrm{m}}\qquad(5\text{-}14)$$

$$\frac{q^{n+1}_{i,j+1/2}-q^n_{i,j+1/2}}{\Delta t}+\beta\frac{(\hat{\overline{q}U})^{n+1/2}_{i+1/2,j+1/2}-(\hat{\overline{q}U})^{n+1/2}_{i-1/2,j+1/2}}{\Delta x}+$$

$$\beta\frac{(\hat{p}\hat{V})^{n+1/2}_{i,j+3/2}-(\hat{p}\hat{V})^{n+1/2}_{i,j-1/2}}{2\Delta y}=-f\cdot\overline{p}^{n+1/2}_{i,j+1/2}-\frac{H^{n+1/2}_{i,j+1/2}}{\rho}\frac{(\overline{P_\zeta})^{n+1/2}_{i,j+1}-(\overline{P_\zeta})^{n+1/2}_{i,j}}{\Delta y}-$$

$$gH^{n+1/2}_{i,j+1/2}\frac{\left(\dfrac{\zeta^{n+1}_{i,j+1}+\zeta^n_{i,j+1}}{2}\right)-\left(\dfrac{\zeta^{n+1}_{i,j}+\zeta^n_{i,j}}{2}\right)}{\Delta y}+(\overline{\tau_{sy}})^{n+1/2}_{i+1/2,j}-$$

$$\frac{g\cdot\dfrac{q^{n+1}_{i,j+1/2}+q^n_{i,j+1/2}}{2}\cdot\sqrt{(\overline{p}^{n+1/2}_{i,j+1/2})^2+(\hat{q}^{n+1/2}_{i,j+1/2})^2}}{[(HC)^{n+1/2}_{i,j+1/2}]^2}+$$

$$\varepsilon\left(\frac{\hat{q}^{n+1/2}_{i+1,j+1/2}-2\cdot\hat{q}^{n+1/2}_{i,j+1/2}+\hat{q}^{n+1/2}_{i-1,j+1/2}}{\Delta x^2}+\frac{\hat{q}^{n+1/2}_{i,j+3/2}-2\cdot\hat{q}^{n+1/2}_{i,j+1/2}+\hat{q}^{n+1/2}_{i,j-1/2}}{\Delta y^2}\right)\qquad(5\text{-}15)$$

同样,可将差分方程组整理并代入边界条件,写成三对角方程组,用追赶法求解。

本数学模型的计算格式在时间和空间上均为二阶精度,恒稳定。但为达到必要的计算精度,需对时间步长有所限制,建议该格式最大库朗数

$$C_f = 2\Delta t \sqrt{g H \left(\frac{1}{\Delta x^2} + \frac{1}{\Delta y^2} \right)} \leqslant 4\sqrt{2} \tag{5-16}$$

式中,H 可取平均水深。

5.1.3 潮间带水陆动边界处理方法

河口区域涨落潮过程中潮间带上的水陆边界不断移动,致使计算区域不断变化。在具有宽阔潮间带的近岸海域,动边界的合理处理不仅直接关系到流场计算的准确性,而且对污染物输移扩散等数值模拟的准确性也是至关重要的。现采用干湿判断方法处理潮间带水陆动边界。

5.1.3.1 求解"预估水深"

这里依靠"预估水深"来对浅水区域的干湿状态进行设置,忽略动量方程中的对流项、涡黏项和底摩阻项,微分方程(5-1)和(5-2)可简化为

$$\frac{\partial \zeta}{\partial t} + \frac{\partial p}{\partial x} + \frac{\partial q}{\partial y} = S_m \tag{5-17a}$$

$$\frac{\partial p}{\partial t} = f q + g H \frac{\partial \zeta}{\partial x} + \frac{\tau_{sx}}{\rho} + U_m S_m \tag{5-17b}$$

$$\frac{\partial q}{\partial t} = -f p + g H \frac{\partial \zeta}{\partial y} + \frac{\tau_{sy}}{\rho} + V_m S_m \tag{5-17c}$$

类比交替方向隐格式(ADI)法差分格式,对简化后的微分方程进行显式差分离散(以前半个时间步为例,即已知 n 时刻的值,求 $n+1/2$ 时刻的值):

$$\frac{\tilde{\zeta}_{i,j}^{n+1/2} - \zeta_{i,j}^n}{\Delta t/2} + \frac{\tilde{p}_{i+1/2,j}^{n+1/2} - \tilde{p}_{i-1/2,j}^{n+1/2}}{\Delta x} + \frac{q_{i,j+1/2}^n - q_{i,j-1/2}^n}{\Delta y} = Sm_{i,j}^{n+1/4} \tag{5-18a}$$

$$\frac{\tilde{p}_{i+1/2,j}^{n+1/2} - p_{i+1/2,j}^{n-1/2}}{\Delta t} = -g H_{i+1/2,j}^n \frac{\zeta_{i+1,j}^n - \zeta_{i,j}^n}{\Delta x} + \frac{\tau_{sx}}{\rho} + f \cdot \bar{q}_{i+1/2,j}^n + (U_m S_m)_{i+1/2,j}^n$$

$$\tag{5-18b}$$

式中,$\tilde{\zeta}$、$\tilde{p}$ 分别表示预估水位、流量。

整理以上两式得:

$$\tilde{p}_{i+1/2,j}^{n+1/2} = p_{i+1/2,j}^{n-1/2} - g H_{i+1/2,j}^n (\zeta_{i+1,j}^n - \zeta_{i,j}^n) \frac{\Delta t}{\Delta x} + \frac{(\tau_{sx})_{i+1/2,j}^{n+1/4}}{\rho} \Delta t +$$

$$f \cdot \overline{q}_{i+1/2,j}^{n} \Delta t + (U_{\mathrm{m}} S_{\mathrm{m}})_{i+1/2,j}^{n} \tag{5-19a}$$

$$\widetilde{p}_{i-1/2,j}^{n+1/2} = p_{i-1/2,j}^{n-1/2} - g H_{i-1/2,j}^{n} (\zeta_{i,j}^{n} - \zeta_{i-1,j}^{n}) \frac{\Delta t}{\Delta x} + \frac{(\tau_{sx})_{i-1/2,j}^{n+1/4}}{\rho} \Delta t +$$

$$f \cdot \overline{q}_{i-1/2,j}^{n} \Delta t + (U_{\mathrm{m}} S_{\mathrm{m}})_{i-1/2,j}^{n} \tag{5-19b}$$

$$\widetilde{\zeta}_{i,j}^{n+1/2} = \zeta_{i,j}^{n} - (\widetilde{p}_{i+1/2,j}^{n+1/2} - \widetilde{p}_{i-1/2,j}^{n+1/2}) \frac{\Delta t}{2\Delta x} - (q_{i,j+1/2}^{n} - q_{i,j-1/2}^{n}) \frac{\Delta t}{2\Delta y} + Sm_{i,j}^{n+1/4}$$

$$\tag{5-19c}$$

另外,

$$\widetilde{H}_{i,j}^{n+1/2} = \widetilde{\zeta}_{i,j}^{n+1/2} + (h)_{i,j} \tag{5-19d}$$

由以上四式可显式求出该单元前半个时间步的"预估水深"$\widetilde{H}_{i,j}^{n+1/2}$。后半个时间步的"预估水深"$\widetilde{H}_{i,j}^{n+1}$用类似的方法可以求得。

5.1.3.2 干湿判断过程

设 H_{σ} 为水深门限值,计算过程中将大于该门限值的节点直接设为湿节点,对小于该门限值的节点需进一步判断其干湿状态。

初始时刻在水深低于 $H_{\sigma}/10$ 的区域,将水深设为 $H_{\sigma}/10$,流速设为 0,干湿状态设为"干",其他区域干湿状态设为"湿"。干湿判断每半个时间步进行一次,判断过程分为 3 个步骤,每步对全场扫描一次,第一、二次扫描对单元边的干湿状态进行设置,第三次扫描对单元的干湿状态进行设置。现以前半个时间步为例进行说明,即已知全场 n 时刻的水位、流速场和干湿状态,对 $n+1/2$ 时刻的干湿状态进行设置,扫描步骤如下:

(1)第一次扫描的对象是每一单元边,目的是对 $n+1/2$ 时刻单元边的干湿状态进行设置。如果某单元边两侧的水位在 n 时刻均低于该边水底高程,即 $\max(\zeta_{i,j}^{n}, \zeta_{i+1,j}^{n}) \leqslant H_{i+1/2,j}^{n}$[对于单元$(i,j)$右侧的边$(i+1/2,j)$]或 $\max(\zeta_{i,j}^{n}, \zeta_{i,j+1}^{n}) \leqslant H_{i,j+1/2}^{n}$[对于单元$(i,j)$上侧的边$(i,j+1/2)$],则将该边$(i+1/2,j)$或$(i,j+1/2)$在 $n+1/2$ 时刻的状态设置为"干",否则设置为"湿"(将某边在 $n+1/2$ 时刻设置为"干"是指 $n+1/2$ 时刻该边流量、流速均设为零,计算时当作固壁边界处理)。

(2)第二次扫描的对象是每一单元(i,j),目的是在第一次扫描结果的基础上,对 $n+1/2$ 时刻单元 4 条边,即左$(i-1/2,j)$、右$(i+1/2,j)$、下$(i,j-1/2)$、上$(i,j+1/2)$的干湿状态做进一步判别。计算每一单元在 n 时刻的水深(无论该单元状态为"干"或"湿"):

$$H_{i,j}^n = \zeta_{i,j}^n + h_{i,j}^n \tag{5-20}$$

若 $H_{i,j}^n > H_\sigma$，则不对该单元 4 条边在 $n+1/2$ 时刻的干湿状态做任何操作。反之，若 $H_{i,j}^n \leqslant H_\sigma$，则计算单元 (i,j) 的"预估水深" $\widetilde{H}_{i,j}^{n+1/2}$，并根据该"预估水深"做进一步判断：若 n 时刻该单元状态为"湿"且 $\widetilde{H}_{i,j}^{n+1/2} > \dfrac{H_\sigma}{2}$，或 n 时刻该单元状态为"干"且 $\widetilde{H}_{i,j}^{n+1/2} > H_\sigma$，则仍不对该单元 4 条边在 $n+1/2$ 时刻的干湿状态做任何操作；反之，将有流体流出单元 (i,j) 的边在 $n+1/2$ 时刻的状态设为"干"，即：

若 $\widetilde{p}_{i-1/2,j}^{n+1/2} \leqslant 0$，则边 $(i-1/2,j)$ 设置为"干"，若 $\widetilde{p}_{i+1/2,j}^{n+1/2} \geqslant 0$，则将边 $(i+1/2,j)$ 设置为"干"，若 $q_{i,j-1/2}^n \leqslant 0$，则将边 $(i,j-1/2)$ 设置为"干"，若 $q_{i,j+1/2}^n \geqslant 0$，则将边 $(i,j+1/2)$ 设置为"干"。

（3）第三次扫描对每一单元 (i,j) 的状态进行判断，若某单元的 4 条边均为"干"或固壁边界，则将该单元设置为干单元，否则设置为湿单元。

步骤（1）保证了将凸出水面的单元边设置为"干"。步骤（2）以"预估水深" $\widetilde{H}_{i,j}^{n+1/2}$ 为判断依据对单元各边的干湿状态做了进一步设置。"预估水深" $\widetilde{H}_{i,j}^{n+1/2}$ 不仅是相邻网格上水位的函数，而且与流速、风应力、柯氏力、源等因素有关，判断过程还用到了流速方向，故这里采用的方法与实际情况更接近，将产生更少的数值振荡，做到更准确估计浅水处水体的潴留，即使得干单元水深较小并且为有限正值。步骤（3）对单元的干湿状态进行设置，不会影响模拟的结果，但会减少实际参与计算的区域面积，提高计算效率。另外，从以上判断过程可以看出，本干湿判断方法不必分成干判断、湿判断两步进行。

5.1.3.3 临界水深的选取

从干湿判断方法的判断过程可知，网格中心点的水位预测值与临界水深 H_σ 相比较，根据比较结果设置干湿单元或单元边的干湿状态，其目的是防止最终计算出的水位过小或为负值，临界水深的大小将影响保留水深的大小。干湿判断每半时间步进行一次，因此临界水深 H_σ 的大小应与半时间步长内水位变化量 Δz 在同一量级。潮波可近似认为是正弦波，则有：

$$\Delta \zeta = \frac{\partial \zeta}{\partial t} \cdot \frac{\Delta t}{2}$$

$$= \frac{\partial}{\partial t} \left[A \sin \left(2\pi \frac{t}{T} \right) \right] \cdot \frac{\Delta t}{2}$$

$$= A \cdot \frac{2\pi}{T} \cdot \cos\left(2\pi \frac{t}{T}\right) \cdot \frac{\Delta t}{2}$$

$$= \pi A \cdot \frac{\Delta t}{T} \cdot \cos\left(2\pi \frac{t}{T}\right) \tag{5-21}$$

其中,A 为潮波的幅值,T 为潮波的周期。

由于临界水深 H_{σ} 为常量,可选取:

$$H_{\sigma} \approx \pi A_{\max} \cdot \frac{\Delta t}{T} \tag{5-22}$$

其中,$A_{\max}$ 为潮波幅值在潮间带内的最大值。

5.1.4 初始条件与边界条件

对于水动力学模型,在模拟初始时刻应给定水位、单宽流量的初始值,即:

$$\zeta(x,y,0) = \zeta_0(x,y) \tag{5-23a}$$

$$p(x,y,0) = p_0(x,y) \tag{5-23b}$$

$$q(x,y,0) = q_0(x,y) \tag{5-23c}$$

其中,下标 0 表示初始时刻已知的全场数值。根据初始时刻水位、流量的给定方式,模型的启动方式可分为冷启动和热启动。冷启动是指初始时刻全场的单宽流量取 0,水位取为统一值,即最高水位、最低水位或平均水位。热启动是指初始时刻全场的水位、流量由试算或其他计算结果给出。

水动力学模型在模拟计算过程中需要指定其闭边界条件和开边界条件。在闭边界处流速采用无渗透、部分滑移边界条件。无渗透是指沿边界法线方向流速为 0。部分滑移是指闭边界处沿边界切线方向存在切向流速,其切向流速沿法向的导数为 0;在开边界处包括实测已知水位开边界条件和流量开边界条件。

5.2 水质数学模型

5.2.1 模型的控制方程

模型为沿水深积分的二维水质模型,适用于描述溶质浓度分层现象不明显的水平二维或准水平二维运动中的输移扩散问题。控制方程的矢量形式和分量形式可分别写作:

$$\frac{\partial(H\phi)}{\partial t} + \nabla_h \cdot (\vec{p}\phi) = \nabla_h \cdot (H[\mathbf{D}] \cdot \nabla_h\phi) + S_\phi \tag{5-24}$$

和

$$\frac{\partial(H\phi)}{\partial t} + \frac{\partial(p\phi)}{\partial x} + \frac{\partial(q\phi)}{\partial y} =$$

$$\frac{\partial}{\partial x}\left(HD_{xx}\frac{\partial \phi}{\partial x}+HD_{xy}\frac{\partial \phi}{\partial y}\right)+\frac{\partial}{\partial y}\left(HD_{yx}\frac{\partial \phi}{\partial x}+HD_{yy}\frac{\partial \phi}{\partial y}\right)+S_{\phi} \quad (5\text{-}25)$$

其中，ϕ 为沿水深平均的溶质浓度（$\mathrm{kg/m^3}$、$\mathrm{g/m^3}$、$\mathrm{mol/m^3}$ 等）；$\nabla_h=\left(\dfrac{\partial}{\partial x},\dfrac{\partial}{\partial y}\right)$ 为水平方向哈密顿算子；x、y 为水平方向坐标（m），t 表示时间（s）；H 为水深；$\vec{p}=(p,q)$，$p=HU$，$q=HV$ 分别为流体在 x、y 方向的单宽通量 $[\mathrm{m^3/(s\cdot m)}]$，$U$、$V$ 分别为沿水深平均的流度在 x、y 方向的分量（m/s），可由水动力学模型求得；$[\mathbf{D}]=\begin{bmatrix}D_{xx} & D_{yx}\\ D_{xy} & D_{yy}\end{bmatrix}$，$D_{xx}$、$D_{xy}$、$D_{yx}$、$D_{yy}$ 为 x、y 方向水深平均的综合扩散系数（$\mathrm{m^2/s}$），包括湍动扩散作用和由于流速、浓度沿深度分布不均匀引起的离散作用，如果不忽略分子扩散，那么还有分子扩散作用，在进行实际海域的水质数值模拟中，综合扩散系数可根据经验加以确定或根据经验公式计算而得；S_{ϕ} 为在单位水平面积上溶质的源项强度 $[\mathrm{kg/(s\cdot m^2)}$、$\mathrm{g/(s\cdot m^2)}$、$\mathrm{mol/(s\cdot m^2)}$ 等 $]$。

S_{ϕ} 可用以表示河流输入、污染物降解以及大气沉降等作用，可表示为：

$$S_{\phi}=-K_{\phi}H\phi+S_m\phi_m+S_{\mathrm{air}} \quad (5\text{-}26)$$

其中，等式右侧的三项依次为降解项、河流输入项、大气沉降项；K_{ϕ} 为污染物的（一级）降解系数（1/d）；S_m 为河流输入在单位水平面积上的源项强度 $[\mathrm{m^3/(s\cdot m^2)}]$，$\phi_m$ 为河流输入的源项（溶质）浓度（$\mathrm{kg/m^3}$、$\mathrm{g/m^3}$、$\mathrm{mol/m^3}$ 等）；S_{air} 为大气干湿沉降强度 $[\mathrm{kg/(m^2\cdot s)}$、$\mathrm{g/(m^2\cdot s)}$、$\mathrm{mol/(m^2\cdot s)}$ 等 $]$。

5.2.2　模型的离散、差分格式与求解方法

模型求解采用空间交错网格系统（图 5-2）对空间进行离散，将空间划分成许多单元，污染物浓度节点位于单元的中心，与水位节点的位置相同。应用 ADI 法对水质模型的控制方程进行求解。

5.2.3　模型的初始条件和边界条件

在应用水质模型进行模拟时，应给定初始时刻（$t=0$）溶质浓度分布，即

$$\phi(x,y,0)=\phi^0(x,y) \quad (5\text{-}27)$$

其中，上标"0"表示初始时刻已知的全场数值，可在全场取均一值（冷启动），也可以由试算或其他计算结果给出（热启动）。

在闭边界（Γ_0）处采用零扩散通量条件，即

$$\left.\frac{\partial \phi}{\partial n}\right|_{\Gamma_0}=0 \text{ 且 } \left.\frac{\partial^2 \phi}{\partial n^2}\right|_{\Gamma_0}=0 \quad (5\text{-}28)$$

在开边界处，如果开边界处水流流向域外，可以不指定边界浓度，认为域外

浓度与域内浓度相同。相反,如果开边界处水流流向域内,需要指定浓度值,即

$$\phi(x,y,t)\big|_{\Gamma_1}=\phi^*(x,y,t)\big|_{\Gamma_1} \tag{5-29}$$

5.3 生态动力学数学模型

海洋生态水动力模型是将海洋水动力模型与海洋生态系统模型相结合的产物。早在 20 世纪六七十年代,人们模拟海洋环境问题时主要是利用对流扩散方程进行研究,只考虑水流的作用而忽略生物循环的作用。同时海洋生态学家们进行海洋生态系统模型的研究,从生物循环的角度研究海洋中污染物质的物质循环。随着学科融合以及计算技术的发展,科学家们逐步将这两种模型相耦合,从而综合考虑海洋中污染物在水动力和生物循环动力共同作用下的变化规律,形成了海洋生态水动力模型的新分支。生态水动力模型可以看作生态系统模型的改进。微型生物对大亚湾建立生态水动力学模型主要目的是研究水体富营养化问题及赤潮预警,所以下面的模型构架即服务于此。

5.3.1 模型的结构

生态水动力学模型是微型生物食物网循环生态过程与水动力学、水化学过程的结合体。该模型将生态系统分为浮游藻类、浮游动物、悬浮碎屑、营养盐 4 个功能团,包括磷酸盐(P1)、氨氮(N1)、硝态氮(N2)、浮游藻类(P)、浮游动物(Z)、悬浮碎屑(D)6 个状态变量。模型考虑了营养盐的输入、浮游藻类和碎屑的沉降、浮游藻类的代谢和死亡、碎屑的分解和再矿化以及高级生物的摄食等过程。营养盐—浮游藻类—浮游动物—碎屑(NPZD)生态系统模型框架如图5-3 所示。

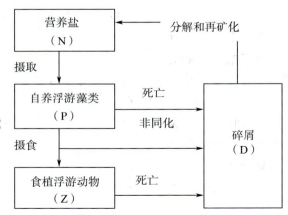

图 5-3　营养盐—浮游藻类—浮游动物—碎屑(NPZD)模型中物质循环示意图

5.3.2 模型的控制方程

生态动力学模型的基本方程采用的是形如方程（5-30）的生态水动力学模型的一般方程形式，即具有源项的对流扩散方程。方程中的某种物质的浓度是最终求解的对象。该方程中的相互作用项是模型的核心，根据相互作用项的形式，这里的生态动力学模型包括单一污染物衰减模型与 NPZD 生态系统模型。

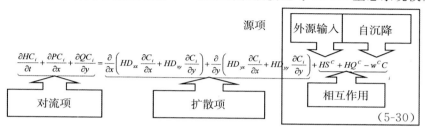

$$(5\text{-}30)$$

其中，C 为第 i 种物质的浓度，分别代表 N1、N2、P1、P、Z、D；H 为总水深；S^c 为源项；Q^c 为各状态变量之间相互作用项；w^c 为沉降速度；D_{xx}、D_{xy}、D_{yx}、D_{yy} 分别为 x、y 方向的水平扩散系数。

5.3.3 模型变量间的相互作用

生态动力学模型变量间的相互作用关系项如下。

浮游藻类（P）：
$$Q^P = (1-\gamma_1)G_P - \mu_{Z\max}\lambda ZP(1-e^{-\lambda(P-P')}) - \mu_{pm}P \qquad (5\text{-}31)$$

浮游动物（Z）：
$$Q^Z = \big[\beta\mu_{Z\max}\lambda ZP(1-e^{-\lambda(P-P')}) +$$
$$\beta\mu_{Z\max}\lambda ZD(1-e^{-\lambda D})\big]\Big[1-\frac{Z}{\beta(P+D)}\Big] - (\mu_{Ze}+\mu_{Zm}+\mu_H)Z \qquad (5\text{-}32)$$

悬浮碎屑（D）：
$$Q^D = \mu_{Pm}P + \mu_{Zm}Z + (1-\beta)\mu_{Z\max}\lambda ZP(1-e^{-\lambda(P-P')}) -$$
$$\beta\mu_{Z\max}\lambda ZD(1-e^{-\lambda D}) - \delta D \qquad (5\text{-}33)$$

磷酸盐（P1）：
$$Q^{P_1} = \gamma_P^{P_1}(\gamma_1-1)G_P + \gamma_Z^{P_1}\mu_{Ze}Z + \gamma_D^{P_1}\delta D \qquad (5\text{-}34)$$

氨氮（N1）：
$$Q^{N_1} = \gamma_P^{N_1}\Big(-\frac{\mu_{N_1}}{\mu_{N_1}+\mu_{N_2}}+\gamma_1\Big)G_P + \gamma_Z^{N_1}\mu_{Ze}Z + \gamma_D^{N_1}\delta D - \Omega(20)\theta^{(T-20)}N_1 \quad (5\text{-}35)$$

硝态氮（N2）：
$$Q^{N_2} = -\gamma_P^{N_1}G_P\frac{\mu_{N_2}}{\mu_{N_1}+\mu_{N_2}} + \Omega(20)\theta^{(T-20)}N_1 \qquad (5\text{-}36)$$

式中：

$$G_P = \mu_{p\,max}(20)\theta^{\frac{T-20}{10}} \cdot \frac{I}{I_{opt}} \exp\left(1 - \frac{I}{I_{opt}}\right) \cdot \min\left(\frac{N_1}{K_n + N_1} + \frac{N_2}{K_a + N_2}e^{-\Psi N_1}, \frac{P_1}{K_P + P_1}\right) \cdot P$$

$$(5-37)$$

对于浮游藻类，考虑沉降速率 w^P；对于悬浮碎屑，考虑沉降速率 w^D。以上公式中的相关参数由实验、监测数据及相关文献确定。各参数的含义参见表5-8。

5.4 大亚湾水动力学、水质及生态动力学模型构建

5.4.1 模型范围和地形分布

拟建立的大亚湾浮游生态系统环境水动力学模型模拟范围包括大亚湾及其邻近海域，南北范围为 22.25°～22.9°N，东西范围为 114.48°～114.9°E。水下地形分布见图 5-4。

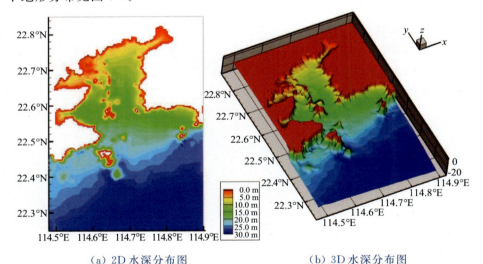

(a) 2D 水深分布图　　　　　(b) 3D 水深分布图

图 5-4　研究区域水深分布图

5.4.2 模型计算条件设置

5.4.2.1 水动力学模型的边界条件设置

水动力学模型和水质模型的覆盖范围相同。上游河流边界处给定流量边界条件，其水文条件采用月平均值；下游海域处给定水位边界条件，由 8 个分潮构成，包括 4 个主要分潮 M2、S2、K1、O1 和 4 个次要分潮 N2、P1、K2、Q1，其潮波特征分别见表 5-1、表 5-2。

表 5-1 大亚湾 4 个主要分潮潮波特征

分潮	M2		S2		K1		O1	
序号	振幅/m	迟角/(°)	振幅/m	迟角/(°)	振幅/m	迟角/(°)	振幅/m	迟角/(°)
1	0.355	255.99	0.131	275.44	0.354	296.19	0.287	250.73
2	0.350	255.83	0.129	275.27	0.353	296.09	0.286	250.62
3	0.345	255.97	0.127	275.40	0.352	296.20	0.285	250.74
4	0.342	256.24	0.126	275.64	0.351	296.35	0.284	250.91
5	0.339	256.55	0.125	275.94	0.350	296.51	0.284	251.06
6	0.338	256.88	0.124	276.27	0.349	296.66	0.283	251.19
7	0.336	257.22	0.123	276.63	0.348	296.84	0.283	251.36
8	0.334	257.59	0.123	277.01	0.348	297.01	0.282	251.51
9	0.333	257.96	0.122	277.38	0.347	297.19	0.282	251.68
10	0.329	257.56	0.120	276.98	0.346	297.05	0.281	251.56
11	0.326	257.16	0.119	276.57	0.345	296.92	0.280	251.45
12	0.322	256.77	0.118	276.17	0.344	296.79	0.280	251.34
13	0.319	256.37	0.116	275.76	0.343	296.66	0.279	251.24
14	0.315	255.98	0.115	275.34	0.341	296.52	0.278	251.13
15	0.312	255.58	0.114	274.94	0.340	296.40	0.277	251.02
16	0.308	255.20	0.112	274.52	0.339	296.27	0.276	250.93
17	0.304	254.81	0.111	274.11	0.338	296.14	0.275	250.83
18	0.301	254.42	0.110	273.72	0.337	296.02	0.275	250.73
19	0.297	254.03	0.108	273.29	0.336	295.89	0.274	250.64
20	0.294	253.67	0.107	272.88	0.334	295.78	0.273	250.56
21	0.290	253.30	0.106	272.49	0.333	295.66	0.272	250.47
22	0.286	252.95	0.105	272.09	0.332	295.55	0.272	250.40
23	0.283	252.60	0.103	271.69	0.331	295.45	0.271	250.33
24	0.285	252.35	0.104	271.40	0.331	295.30	0.271	250.21
25	0.286	252.10	0.105	271.10	0.332	295.14	0.271	250.08

分潮	M2		S2		K1		O1	
序号	振幅/m	迟角/(°)	振幅/m	迟角/(°)	振幅/m	迟角/(°)	振幅/m	迟角/(°)
26	0.288	251.84	0.106	270.81	0.332	294.98	0.271	249.95
27	0.290	251.56	0.106	270.53	0.333	294.81	0.272	249.81
28	0.291	251.27	0.107	270.20	0.333	294.63	0.272	249.66
29	0.293	250.95	0.108	269.87	0.334	294.44	0.272	249.49
30	0.294	250.60	0.108	269.49	0.334	294.23	0.272	249.32
31	0.295	250.21	0.109	269.09	0.334	293.99	0.272	249.11
32	0.295	249.73	0.109	268.61	0.334	293.69	0.272	248.84
33	0.295	248.96	0.109	267.87	0.334	293.23	0.271	248.37
34	0.287	248.19	0.106	266.83	0.330	293.10	0.268	248.54

表 5-2　大亚湾 4 个次要分潮潮波特征

分潮	N2		K2		P1		Q1	
序号	振幅/m	迟角/(°)	振幅/m	迟角/(°)	振幅/m	迟角/(°)	振幅/m	迟角/(°)
1	0.071	241.13	0.051	268.02	0.111	289.42	0.057	225.43
2	0.070	240.92	0.051	267.86	0.110	289.27	0.056	225.26
3	0.069	241.06	0.050	267.87	0.110	289.41	0.056	225.42
4	0.068	241.25	0.049	268.05	0.110	289.61	0.056	225.58
5	0.068	241.51	0.049	268.38	0.109	289.81	0.056	225.74
6	0.067	241.82	0.048	268.75	0.109	290.02	0.056	225.95
7	0.067	242.14	0.048	269.14	0.109	290.26	0.056	226.17
8	0.066	242.50	0.047	269.57	0.109	290.47	0.056	226.41
9	0.066	242.85	0.047	269.98	0.109	290.72	0.055	226.62
10	0.065	242.36	0.046	269.31	0.108	290.59	0.055	226.48
11	0.065	241.86	0.046	268.62	0.108	290.43	0.055	226.36
12	0.064	241.39	0.046	267.94	0.107	290.30	0.055	226.23
13	0.064	240.89	0.045	267.26	0.107	290.15	0.055	226.09

分潮	N2		K2		P1		Q1	
序号	振幅/m	迟角/(°)	振幅/m	迟角/(°)	振幅/m	迟角/(°)	振幅/m	迟角/(°)
14	0.063	240.36	0.045	266.58	0.106	290.03	0.054	225.95
15	0.063	239.90	0.045	265.95	0.106	289.87	0.054	225.78
16	0.062	239.40	0.044	265.28	0.105	289.73	0.054	225.64
17	0.062	238.88	0.044	264.59	0.105	289.59	0.054	225.52
18	0.061	238.43	0.044	263.97	0.105	289.44	0.054	225.40
19	0.061	237.92	0.043	263.30	0.104	289.31	0.053	225.27
20	0.060	237.47	0.043	262.70	0.104	289.20	0.053	225.18
21	0.060	237.00	0.043	262.08	0.103	289.04	0.053	225.04
22	0.059	236.54	0.042	261.48	0.103	288.92	0.053	224.93
23	0.059	236.08	0.042	260.80	0.102	288.80	0.053	224.80
24	0.059	235.93	0.043	260.59	0.102	288.60	0.053	224.61
25	0.060	235.73	0.043	260.35	0.103	288.41	0.053	224.47
26	0.060	235.52	0.043	260.10	0.103	288.22	0.053	224.25
27	0.060	235.31	0.044	259.84	0.103	288.00	0.053	224.03
28	0.061	235.09	0.044	259.58	0.103	287.79	0.053	223.83
29	0.061	234.87	0.045	259.39	0.103	287.57	0.053	223.58
30	0.062	234.55	0.045	258.99	0.103	287.31	0.053	223.36
31	0.062	234.27	0.045	258.64	0.103	287.04	0.053	223.07
32	0.062	233.85	0.046	258.28	0.103	286.67	0.053	222.71
33	0.062	233.28	0.046	258.02	0.103	286.10	0.053	222.16
34	0.062	232.46	0.046	256.27	0.101	285.99	0.052	222.04

5.4.2.2　水质模型的污染物源强输入

水质模型中的污染物源强输入主要考虑两类污染外源和一类污染内源的作用,即入海河流携带污染物、工业污染源及污水处理厂排污口直排入海和沉积物污染物释放作用。河流入海口位置和直排源位置见表5-3及图5-5。大亚湾直排点源的污染负荷量与空间分布通过不同来源数据的系统整合获得(表5-4),河流和直排入海通量由实测统计得到(表5-5～表5-7),污染内源为沉积物的污染物释放,源强见第一篇中的底泥释放实验研究结果。

表 5-3　大亚湾海域水生态环境调查站位与入海河流污染物通量监测断面

序号	河流名称	经度（E）	纬度（N）	备注
1	淡澳河	114°33′18.84″	22°43′42.97″	疏港大桥、中兴中路小桥
2	王母河	114°29′34.32″	22°34′7.09″	水头商业街
3	南涌河	114°31′11.25″	22°32′48.25″	新大村委附近
4	龙歧河	114°30′25.60″	22°35′40.71″	鹏飞路鹏城（S360）
5	霞涌河	114°39′36.54″	22°46′32.05″	新港桥上游新村二桥
6	白云河	114°46′2.22″	22°51′49.26″	X207
7	竹园河	114°45′16.28″	22°51′24.16″	X207
8	范和河	114°48′48.96″	22°48′52.47″	范和村桥
9	大埔屯河	114°49′13.57″	22°48′29.07″	芙蓉村南小桥
10	巽寮河	114°45′30.21″	22°41′39.41″	巽寮镇小桥
11	岩前河	114°34′57.11″	22°44′41.01″	石化大道与海滨四路交叉路口
12	柏岗河	114°36′41.56″	22°45′20.94″	石化大道与海滨十路交叉路口

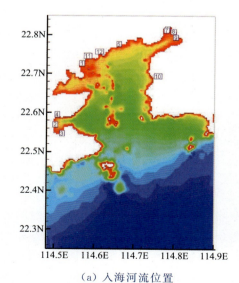

（a）入海河流位置

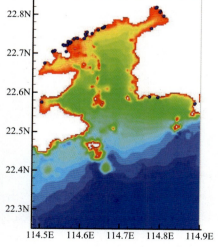

（b）工业污染源及污水处理厂排污口位置

图 5-5　入海河流及排污口位置

表 5-4 大亚湾入海直排源污染负荷统计结果

直排源	废水量(×10⁴)/(t/a)	COD/(t/a)	氨氮/(t/a)	总氮/(t/a)	总磷/(t/a)
工业企业	1 163	46 743	1 228	2 016	180
城镇生活	2 355	495	32	284	8
合计	3 518	47 238	1 260	2 300	188

表 5-5 大亚湾主要入海河流平水期污染物通量

单位:t

入海河流	COD_{Cr}	COD_{Mn}	氨氮	亚硝态氮	硝态氮	总氮	磷酸盐	总磷
淡澳河	625.9	147.7	107.1	9.0	40.3	187.5	11.0	16.9
王母河	58.2	13.3	1.9	0.1	4.0	5.7	0.3	1.1
南涌河	28.4	5.2	0.3	0.01	1.4	1.7	0.1	0.2
龙歧河	56.6	12.7	1.5	0.2	4.1	5.4	0.5	0.9
霞涌河	149.2	34.0	5.1	0.1	8.5	14.4	2.2	2.7
白云河	91.7	20.9	0.9	0.1	4.3	7.2	0.4	0.7
竹园河	36.0	8.4	0.4	0.1	1.8	3.0	0.2	0.4
范和河	68.3	15.8	2.9	0.2	4.0	14.4	0.5	0.9
大埔屯河	57.2	14.0	2.7	0.2	1.3	6.6	0.8	1.1
巽寮河	73.2	15.5	0.9	1.3	0.8	8.2	0.1	0.5
岩前河	31.0	7.0	0.8	1.5	0.8	3.6	0.1	0.3
柏岗河	28.5	6.6	0.7	1.0	0.7	3.2	0.1	0.2
合计	1 304.2	301.2	125.2	14.0	71.9	261.0	16.3	25.7

表 5-6 大亚湾主要入海河流枯水期污染物通量

单位:t

入海河流	COD_{Cr}	COD_{Mn}	氨氮	亚硝态氮	硝态氮	总氮	磷酸盐	总磷
淡澳河	313.4	73.3	110.8	10.2	59.1	205.8	13.3	24.6
王母河	38.0	8.3	4.1	0.3	4.7	17.8	0.3	0.7
南涌河	0.8	0.2	0.006	0.000 9	0.1	0.1	0.000 8	0.009
龙歧河	9.7	2.2	0.6	0.04	0.4	2.1	0.01	0.1

续表

入海河流	COD$_{Cr}$	COD$_{Mn}$	氨氮	亚硝态氮	硝态氮	总氮	磷酸盐	总磷
霞涌河	24.0	6.5	1.2	0.09	6.6	8.1	0.12	0.7
白云河	3.3	1.3	0.01	0.005	0.3	0.4	0.01	0.03
竹园河	6.4	1.2	0.2	0.01	0.4	0.5	0.01	0.04
范和河	16.9	3.3	0.5	0.0	0.5	4.5	0.0	0.2
大埔屯河	1.6	0.4	0.001	0.000 4	0.01	0.1	0.000 4	0.01
巽寮河	24.0	4.6	0.2	0.02	0.4	2.9	0.01	0.1
岩前河	1.6	0.5	0.02	0.006	0.15	0.20	0.003	0.04
柏岗河	2.7	0.5	0.13	0.002	0.2	0.5	0.014	0.03
合计	442.5	102.3	117.7	10.7	72.8	243.0	13.8	26.6

表 5-7　大亚湾主要入海河流丰水期污染物通量

单位：t

入海河流	COD$_{Cr}$	COD$_{Mn}$	氨氮	亚硝态氮	硝态氮	总氮	磷酸盐	总磷
淡澳河	1 311.2	331.9	285.7	75.1	10.1	405.1	12.4	42.9
王母河	82.4	20.6	11.4	4.3	0.4	21.7	0.5	1.2
南涌河	2.5	0.9	0.03	0.3	0.006	0.4	0.006	0.02
龙歧河	23.8	5.0	4.6	1.4	0.2	6.7	0.2	0.4
霞涌河	98.1	20.7	4.0	18.0	0.6	24.4	1.0	2.6
白云河	90.2	24.2	5.9	4.4	1.5	16.2	0.4	0.7
竹园河	42.6	12.4	1.2	2.7	0.2	7.5	0.3	0.4
范和河	9.0	3.3	1.7	1.0	0.1	6.1	0.2	0.4
大埔屯河	17.0	3.7	1.6	0.04	0.01	2.4	0.3	0.6
巽寮河	56.9	13.8	0.9	2.5	0.1	5.7	0.2	0.4
岩前河	45.1	8.8	1.4	3.0	0.09	5.2	0.08	0.2
柏岗河	37.8	9.5	0.5	2.0	0.1	3.3	0.1	0.2
合计	1 816.6	454.8	318.7	114.8	13.3	504.8	15.6	50.0

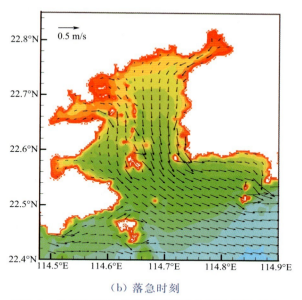

（b）落急时刻

图 5-6　大亚湾涨急、落急时刻潮流矢量分布图（续）

　　图 5-7 和图 5-8 分别为杨梅坑和霞涌两个站位处模拟结果与实测结果的对比图。图 5-7（a）为杨梅坑站位处 2004 年 5 月 12—13 日大潮期间水位波动过程；图 5-7（b）为杨梅坑站位处 2005 年 5 月 10—11 日大潮期间水位波动过程；图 5-8（a）为霞涌站位处 2004 年 5 月 12—13 日大潮期间水位波动过程；图 5-8（b）为霞涌站位处 2005 年 5 月 10—11 日大潮期间水位波动过程。从图 5-7 和图 5-8 可知，模拟结果与实测结果基本吻合，数学模型可以正确模拟大亚湾内主要潮位波动过程。

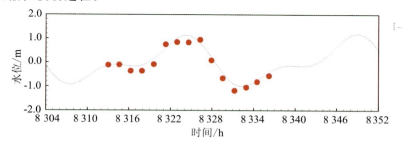

（a）2004 年 5 月 12—13 日（大潮）

图 5-7　杨梅坑站位水位验证结果

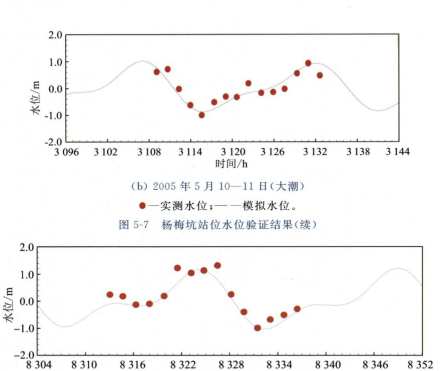

（b）2005 年 5 月 10—11 日（大潮）

● —实测水位；—— 模拟水位。

图 5-7　杨梅坑站位水位验证结果（续）

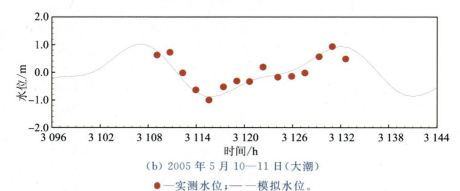

（a）2004 年 5 月 12—13 日（大潮）

（b）2005 年 5 月 10—11 日（大潮）

● —实测水位；—— 模拟水位。

图 5-8　霞涌站位水位验证结果

5.4.4　水质模型验证及模拟结果

5.4.4.1　水质模型验证结果

共有 9 个监测站位用于水质模型验证,分布在大亚湾海域。监测站位具体位置见图 5-9,坐标见表 5-9。利用水质模型对水质进行模拟,并将水质模拟结果与 9 个站位的水质调查结果进行对比分析。9 个水质调查站位的现场监测时间为 2010 年 12 月 15—16 日,使用 GPS45C 卫星定位导航仪定位采样;实验室分析时间为 2010 年 12 月 16—30 日。

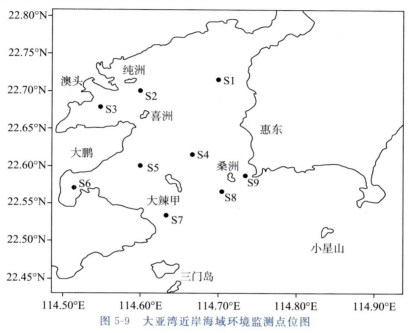

图 5-9　大亚湾近岸海域环境监测点位图

表 5-9　大亚湾近岸海域环境监测站位说明

站位编号	经度(E)	纬度(N)
S1	114.700 0	22.715 0
S2	114.600 0	22.700 0
S3	114.548 3	22.678 3
S4	114.666 7	22.615 0
S5	114.600 0	22.600 0
S6	114.515 0	22.570 0
S7	113.633 3	22.533 3
S8	113.705 0	22.565 0
S9	114.735 0	22.587 0

图 5-10 为实测站位上的 COD 浓度的模拟结果与实测结果对比图。从图中可以看出,模拟结果与实测结果总体上吻合较好,可以较好地模拟出大亚湾内 COD 的浓度状况。只是在个别站位处模拟结果与实测结果有一定差别,可能与 COD 入海通量的实际时空分布、影响 COD 浓度的生态作用等因素有一定关系。

图 5-10　COD 模拟结果与实测结果对比

5.4.4.2　水质模型模拟结果

应用所建立的水质模型,模拟得到研究区域逐月的 COD 浓度分布,如图 5-11 所示。从空间分布上看,大亚湾内 COD 浓度在各月份均呈现出由湾顶到湾口逐渐递减的趋势,即西北部高、东南部低的空间分布特征。湾内西北部海域淡澳河河口局部区域内 COD 浓度可达到和超过 2.0 mg/L,这与淡澳河较大的 COD 入海通量有关。除湾顶淡澳河河口局部区域 COD 浓度相对较高外,湾内大部分海域 COD 浓度均小于 2.0 mg/L 的一类海水水质标准,即海水为一类水质。

从时间分布上看,4—9 月大亚湾内 COD 浓度较高,尤其是在西北部海域淡澳河河口的局部高浓度区域,这与同期通过河流入海的 COD 通量较大关系密切。总体来讲,大亚湾内 COD 浓度处于较低水平。

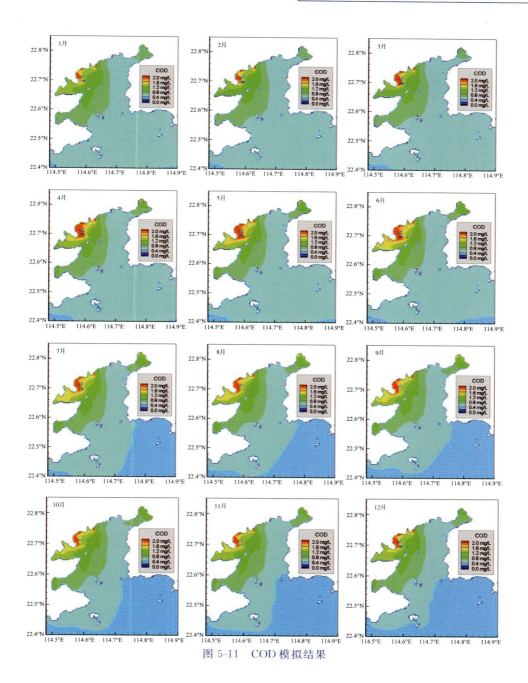

图 5-11　COD 模拟结果

图 5-12 为实测站位上的 DIN 浓度的模拟结果与实测结果对比图。从图中可以看出,模拟结果与实测结果总体上吻合较好,可以较好地模拟出大亚湾内 DIN 的浓度状况。只是在个别站位处模拟结果与实测结果有一定差别,可能与 DIN 入海通量的实际时空分布、影响 DIN 浓度的生态作用等因素有一定关系。

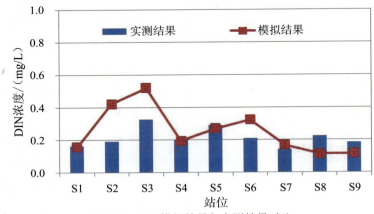

图 5-12　DIN 模拟结果与实测结果对比

应用所建立的水质模型,模拟得到研究区域内逐月的 DIN 浓度分布,如图 5-13 所示。从空间分布上看,大亚湾内 DIN 浓度在各月份均呈现出由湾顶到湾口逐渐递减的趋势,即西北部高、东南部低的空间分布特征。湾内西北部海域淡澳河河口局部区域内 DIN 浓度可达到和超过 0.5 mg/L,这与淡澳河较大的 DIN 入海通量有关。除湾顶淡澳河河口局部区域 DIN 浓度较高外,湾内大部分海域 DIN 浓度小于 0.5 mg/L。湾内东部和南部 DIN 浓度相对较低,小于 0.2 mg/L 的一类海水水质标准,即海水为一类水质。一类海水水质的区域约占大亚湾海域面积的 1/2,夏季有所减少,冬季有所增加。

从时间分布上看,4—9 月大亚湾内 DIN 浓度较高,尤其是在西北部海域淡澳河河口的局部高浓度区域,这与同期通过河流入海的 DIN 通量较大关系密切。

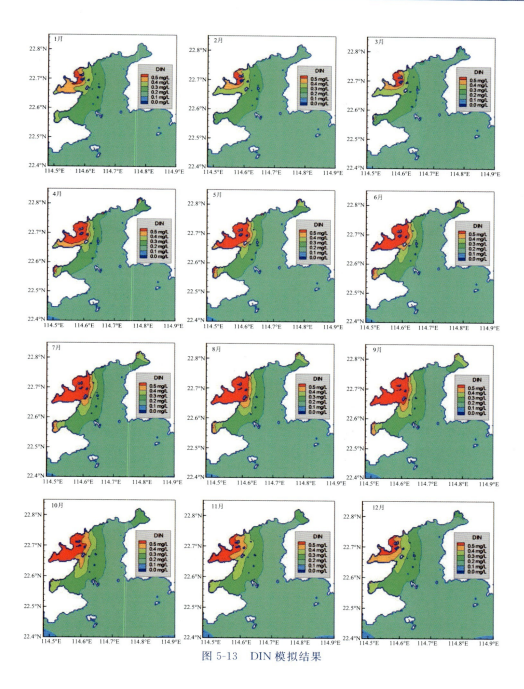

图 5-13　DIN 模拟结果

图 5-14 为实测站位上的活性磷酸盐浓度的模拟结果与实测结果对比图。从图中可以看出,模拟结果与实测结果总体上吻合较好,可以较好地模拟出大亚湾内活性磷酸盐的浓度状况。只是在个别站位处模拟结果与实测结果有一定差别,可能与活性磷酸盐入海通量的实际时空分布、影响活性磷酸盐浓度的生态作用等因素有一定关系。

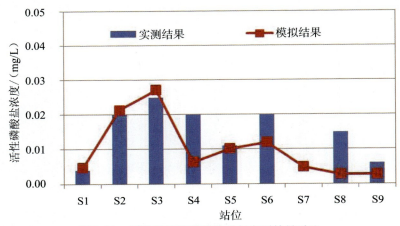

图 5-14   活性磷酸盐模拟结果与实测结果对比

应用所建立的水质模型,模拟得到研究区域内逐月的活性磷酸盐浓度分布,如图 5-15 所示。从空间分布上看,大亚湾内活性磷酸盐浓度在各月份均呈现出由湾顶到湾口逐渐递减的趋势,即西北部高、东南部低的空间分布特征。湾内西北部海域淡澳河河口局部区域内活性磷酸盐浓度最高,可达到和超过 0.045 mg/L,这与淡澳河较大的活性磷酸盐入海通量有关。除湾顶淡澳河河口及邻近局部区域活性磷酸盐浓度较高外,湾内大部分海域活性磷酸盐浓度小于 0.015 mg/L 的一类海水水质标准,即海水为一类水质。一类海水水质的区域约占大亚湾海域面积的 2/3,夏季有所减少,冬季有所增加。

从时间分布上看,大亚湾内活性磷酸盐浓度的季节变化并不明显,这与活性磷酸盐入海通量的季节分布较为平均有关。总体来讲,大亚湾内活性磷酸盐的浓度较低。

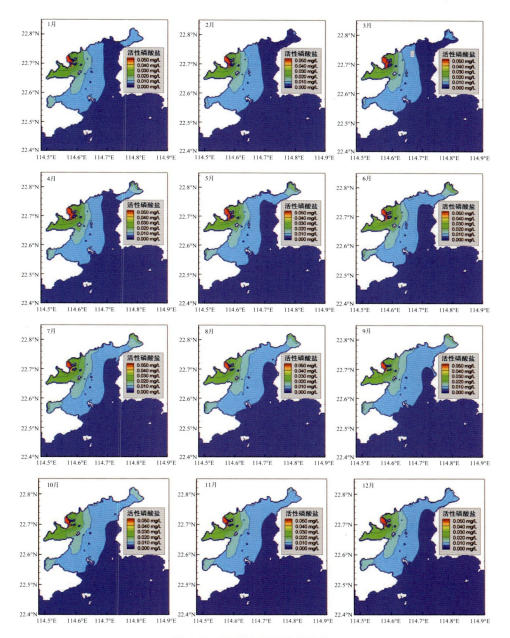

图 5-15　活性磷酸盐模拟结果

5.4.5 生态动力学模型验证及模拟结果

5.4.5.1 生态动力学模型验证结果

图 5-16、图 5-17 为生态水动力学模型模拟结果和实测结果对比情况。由图可见：

（1）生态水动力学模型模拟结果中，各个指标均具有昼夜、季节等不同时间尺度的波动特征；

（2）生态水动力学模型模拟结果中，各个指标和实测结果在量级上一致，且具有相似的时间变化规律；

（3）浮游藻类浓度的时间分布表现出夏季升高、冬季降低的变化规律；

（4）浮游动物浓度的时间变化规律与浮游藻类的类似，且表现出一定的滞后特性。

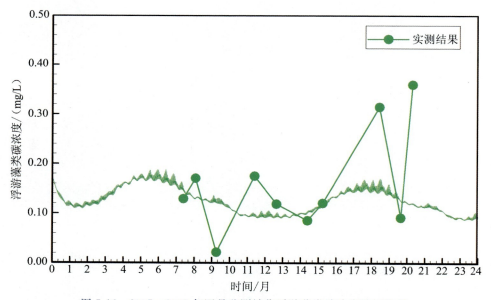

图 5-16　2007—2008 年逐月监测站位浮游藻类碳浓度验证结果

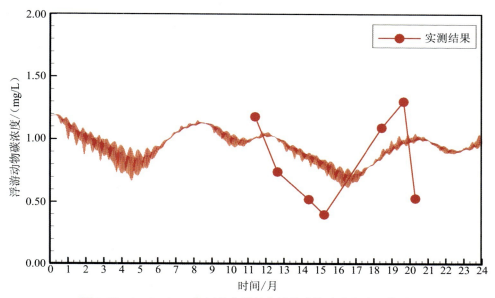

图 5-17　2007—2008 年逐月监测站位浮游动物碳浓度验证结果

5.4.5.2　生态动力学模型模拟结果

图 5-18～图 5-22 为水生态动力学模型模拟得到的各生态环境变量逐月空间分布变化情况,生态环境变量包括浮游藻类碳浓度、浮游动物碳浓度、硝态氮浓度、氨氮浓度和活性磷酸盐浓度。

图 5-18 为水生态动力学模型模拟的浮游藻类碳浓度逐月空间分布。从图中可以看出,浮游藻类碳浓度整体上呈现出湾底大、湾口小的空间分布特性,这与营养盐的陆源排放特性有关。尤其是在淡澳河口附近,浮游藻类碳浓度出现峰值,为 0.3～0.5 mg/L,这是因为淡澳河氮、磷排放量在各入海河流中最大。个别月份,如 11、12 月,浮游藻类碳浓度出现中部低、东西两岸高的空间分布,这与湾内环流关系密切。从逐月分布变化情况看,浮游藻类碳浓度整体上呈现出春夏季高、秋冬季低的季节变化特性,这与温度和营养盐浓度变化均具有较高相关性。夏季浮游藻类碳浓度最高值超过 0.5 mg/L,冬季约为0.3 mg/L,均出现在淡澳河口附近。除此之外,各月份浮游藻类碳浓度空间分布大致相似。

图 5-19 为水生态动力学模型模拟的浮游动物碳浓度逐月空间分布。从图中可以看出,浮游动物碳浓度整体上呈现出湾底大、湾口小的空间分布特性,但

分布特性比浮游藻类碳浓度复杂,且最为显著的分布特征是浮游动物碳浓度出现最大值的位置为淡澳河口西南侧的澳头湾。对比图5-18和图5-19可知,这与浮游藻类碳浓度出现最大值的位置并不重合,但在空间上是相邻的区域。这一方面说明了浮游动物碳浓度空间分布和浮游藻类碳浓度空间分布具有密切的联系,如浮游动物与浮游藻类间的摄食关系;另一方面也说明了浮游动物除了受浮游藻类影响外,还受水流、岸线等因素的影响,澳头湾较为封闭,为浮游动物的生长提供了稳定的生长空间。

图5-20为水生态动力学模型模拟的硝态氮浓度逐月空间分布。从图中可以看出,硝态氮浓度整体上呈现出湾底大、湾口小的空间分布特性,这与硝酸盐的陆源排放特性有关。尤其是在淡澳河口附近,硝态氮浓度出现峰值,约为0.5 mg/L,这是因为淡澳河氮排放量在各入海河流中最大。硝态氮浓度逐月分布变化整体上呈现出春夏季高、秋冬季低的季节变化特性,最大值均超过0.5 mg/L,且均出现在淡澳河口附近,但超过0.5 mg/L的水域面积有所不同。除此之外,各月份硝态氮空间浓度分布大致相似。

图5-21为水生态动力学模型模拟的氨氮浓度逐月空间分布。从图中可以看出,氨氮浓度整体上呈现出湾底大、湾口小的空间分布特性,这与氨氮的陆源排放特性有关。尤其是在淡澳河口附近,氨氮浓度出现峰值,最大氨氮浓度超过0.5 mg/L,这是因为淡澳河氮排放量在各入海河流中最大。氨氮浓度逐月分布变化整体上呈现出春夏季高、秋冬季低的季节变化特性,最大值均超过0.5 mg/L,且均出现在淡澳河口附近,但超过0.5 mg/L的水域面积有所不同。除此之外,各月份氨氮浓度空间分布大致相似。

对比图5-20和图5-21可以看出,氨氮浓度分布和硝酸盐浓度分布具有一定的相似性,包括空间分布特征、季节变化规律和浓度值等。但氨氮浓度分布季节变化特征更为明显,即有春夏季高、秋冬季低的季节变化特性,这一方面受陆源排放规律的影响,另一方面也受到浮游藻类和浮游动物在生长、死亡、呼吸和排泄等过程中对氨氮浓度和硝酸盐浓度不同的影响机制有关。

图5-22为水生态动力学模型模拟的活性磷酸盐浓度逐月空间分布。从图中可以看出,活性磷酸盐浓度整体上较低,大部分海域活性磷酸盐浓度小于0.015 mg/L,为一类水质。活性磷酸盐浓度相对高的区域位于湾底的淡澳河口附近,这是因为淡澳河活性磷酸盐排放量在各入海河流中最大。活性磷酸盐浓度最大值超过0.030 mg/L,但这样的区域面积很小。从逐月分布变化情况

看，活性磷酸盐浓度季节变化并不明显。活性磷酸盐浓度整体较低。

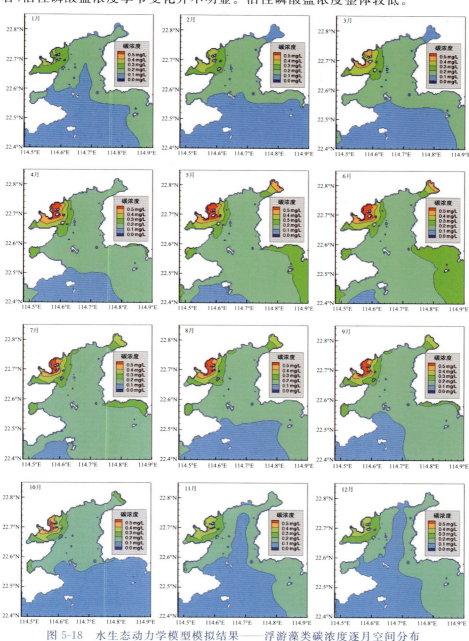

图 5-18　水生态动力学模型模拟结果——浮游藻类碳浓度逐月空间分布

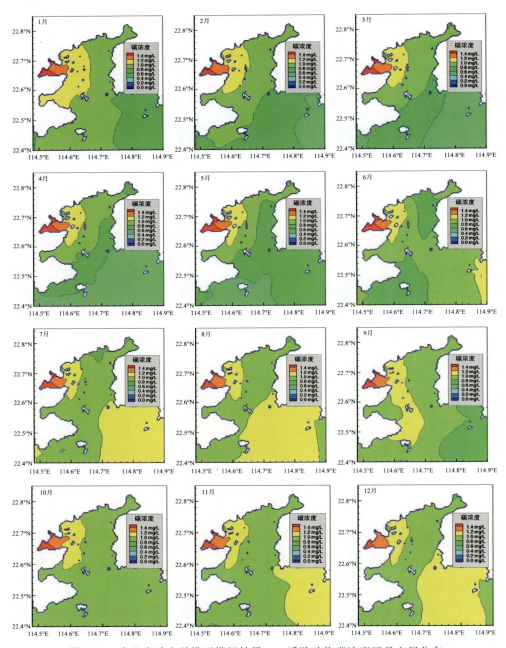

图 5-19　水生态动力学模型模拟结果——浮游动物碳浓度逐月空间分布

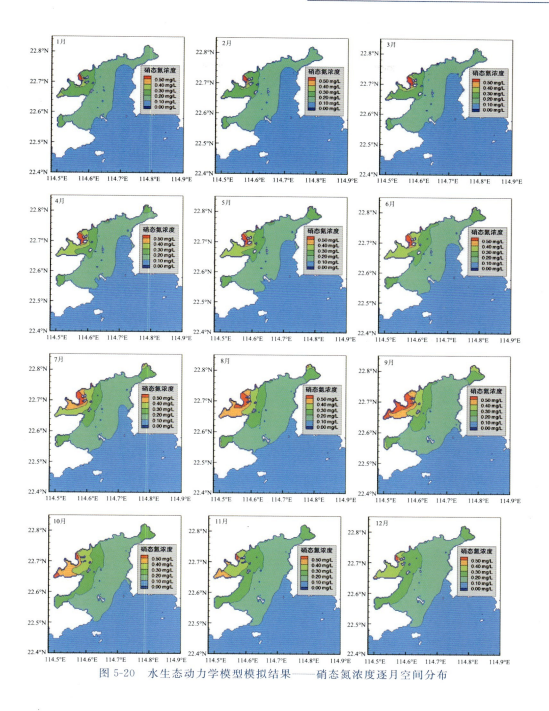

图 5-20　水生态动力学模型模拟结果——硝态氮浓度逐月空间分布

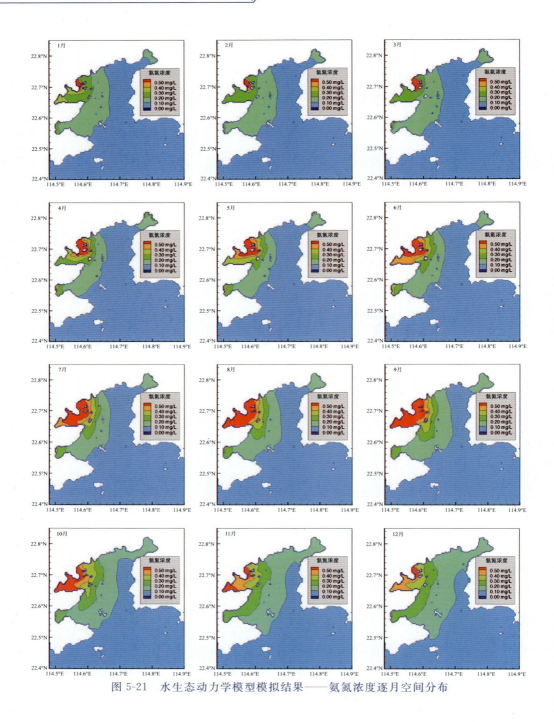

图 5-21　水生态动力学模型模拟结果——氨氮浓度逐月空间分布

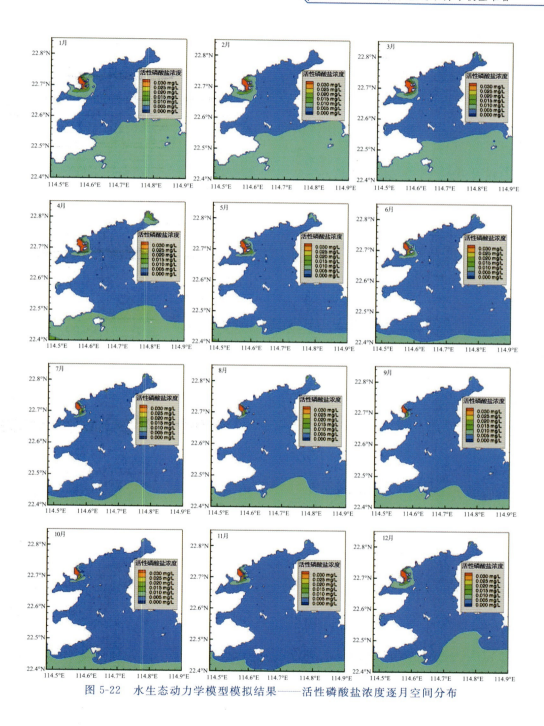

图 5-22　水生态动力学模型模拟结果——活性磷酸盐浓度逐月空间分布

第 6 章　三维理化与生态动力学数学模型

本章以广西北部湾海域为对象建立三维理化与生态动力学模型,包括溢油模型。

6.1　非结构化网格三维水动力数学模型

6.1.1　基本控制方程

6.1.1.1　雷诺方程

该模型求解基于三维不可压缩雷诺平均纳维-斯多克斯方程,并采用Bousinesq涡黏假定和静水压假定。

6.1.1.1.1　连续性方程

$$\frac{\partial u}{\partial x} + \frac{\partial v}{\partial y} + \frac{\partial w}{\partial z} = S_c \tag{6-1}$$

6.1.1.1.2　水平动量方程

x 方向:

$$\frac{\partial u}{\partial t} + \frac{\partial u^2}{\partial x} + \frac{\partial vu}{\partial y} + \frac{\partial wu}{\partial z} = fv - g \cdot \frac{\partial \eta}{\partial x} - \frac{1}{\rho_0} \cdot \frac{\partial P_a}{\partial x} - \frac{g}{\rho_0} \int_z^\eta \frac{\partial \rho}{\partial x} \mathrm{d}z -$$

$$\frac{1}{\rho_0 h}\left(\frac{\partial s_{xx}}{\partial x} + \frac{\partial s_{xy}}{\partial y}\right) + F_u + \frac{\partial}{\partial z}\left(v_t \frac{\partial u}{\partial z}\right) + u_s S \tag{6-2}$$

y 方向:

$$\frac{\partial v}{\partial t} + \frac{\partial v^2}{\partial y} + \frac{\partial uv}{\partial x} + \frac{\partial wv}{\partial z} = -fu - g \cdot \frac{\partial \eta}{\partial y} - \frac{1}{\rho_0} \cdot \frac{\partial P_a}{\partial y} - \frac{g}{\rho_0} \int_z^\eta \frac{\partial \rho}{\partial y} \mathrm{d}z - \frac{1}{\rho_0 h}$$

$$\left(\frac{\partial s_{yx}}{\partial x} + \frac{\partial s_{yy}}{\partial y}\right) + F_v + \frac{\partial}{\partial z}\left(v_t \frac{\partial v}{\partial z}\right) + v_s S \tag{6-3}$$

式中,t 为时间变量;x、y、z 为笛卡尔坐标;η 为自由水面高程;d 为静水深度;h 为水深,$h = \eta + d$;u、v、w 分别为 x、y、z 方向的流速分量;f 为柯氏力系数;g 为垂向加速度;ρ 为水体的密度;s_{xx}、s_{xy}、s_{yx} 和 s_{yy} 分别为辐射应力张量的分量;

v_t 为垂直紊流（或涡流）黏度；P_a 为大气压力；ρ_0 为水的基准密度；S 为点源项入流的大小；(u_s, v_s) 为源水体的入流速度；F_u 和 F_v 分别为 x 方向和 y 方向的应力项，利用梯度应力关系进行描述，可简化成

$$F_u = \frac{\partial}{\partial x}\left(2A\frac{\partial u}{\partial x}\right) + \frac{\partial}{\partial y}\left[A\left(\frac{\partial u}{\partial y} + \frac{\partial v}{\partial x}\right)\right] \tag{6-4}$$

$$F_v = \frac{\partial}{\partial x}\left[A\left(\frac{\partial u}{\partial y} + \frac{\partial v}{\partial x}\right)\right] + \frac{\partial}{\partial y}\left(2A\frac{\partial v}{\partial y}\right) \tag{6-5}$$

式中，A 为水平方向的涡黏系数。

6.1.1.2　紊流模型

利用雷诺方程与连续方程解决紊流问题，是由于雷诺方程中增加了 6 个未知的雷诺应力项，从而形成了紊流基本方程的不闭合问题。紊流模拟的涡黏系数通常分别描述水平和垂向输运情况。垂向上采用 k-ε 模型，水平方向上采用亚格子尺度模型来闭合雷诺方程。

6.1.1.2.1　k-ε 模型

搭建模型时选择采用 k-ε 模型的方式计算垂向涡黏系数。涡黏系数由湍流参数 k 和 ε 计算得到：

$$v_t = c_\mu \cdot \frac{k^2}{\varepsilon} \tag{6-6}$$

式中，k 是单位质量的湍流脉动动能（TKE），ε 是紊流能量耗散率，c_μ 是经验常数。

紊流脉动动能方程（k 方程）和紊流能量耗散率方程（ε 方程）：

$$\frac{\partial k}{\partial t} + \frac{\partial uk}{\partial x} + \frac{\partial vk}{\partial y} + \frac{\partial wk}{\partial z} = F_k + \frac{\partial}{\partial z}\left(\frac{v_t}{\sigma_k}\frac{\partial k}{\partial z}\right) + P + B - \varepsilon \tag{6-7}$$

$$\frac{\partial \varepsilon}{\partial t} + \frac{\partial u\varepsilon}{\partial x} + \frac{\partial v\varepsilon}{\partial y} + \frac{\partial w\varepsilon}{\partial z} = F_\varepsilon + \frac{\partial}{\partial z}\left(\frac{v_t}{\sigma_\varepsilon}\frac{\partial \varepsilon}{\partial z}\right) + \frac{\varepsilon}{k}(c_{1\varepsilon}P + c_{3\varepsilon}B - c_{2\varepsilon}\varepsilon) \tag{6-8}$$

切应力产生项：

$$P = \frac{\tau_{xz}}{\rho_0}\frac{\partial u}{\partial z} + \frac{\tau_{yz}}{\rho_0}\frac{\partial v}{\partial z} \approx v_t\left[\left(\frac{\partial u}{\partial z}\right)^2 + \left(\frac{\partial v}{\partial z}\right)^2\right] \tag{6-9}$$

浮力产生项：

$$B = -\frac{v_t}{\sigma_t}N^2 \tag{6-10}$$

$$N^2 = -\frac{g}{\rho_0}\frac{\partial \rho}{\partial z} \tag{6-11}$$

式中,σ_t 是紊流普朗特常量,σ_k、σ_ε、$c_{1\varepsilon}$、$c_{2\varepsilon}$、$c_{3\varepsilon}$ 等均为经验常数,F 是水平扩散项,定义为:

$$(F_k, F_\varepsilon) = \left[\frac{\partial}{\partial x}\left(D_h \frac{\partial}{\partial x} \right) + \frac{\partial}{\partial y}\left(D_h \frac{\partial}{\partial y} \right) \right](k, \varepsilon) \tag{6-12}$$

水平扩散系数 D_h 分别由 $D_h = A/\sigma_k$ 和 $D_h = A/\sigma_\varepsilon$ 给出。

6.1.1.2.2 水平涡黏系数（亚格子尺度模型）

水平涡流黏度的计算,采用最常用的 Smagorinsky 模型:

$$A = c_s^2 l^2 \sqrt{2S_{ij}S_{ij}} \tag{6-13}$$

式中,c_s 是一个常数,l 是特征长度,变形率则由下式给出:

$$S_{ij} = \frac{1}{2}\left(\frac{\partial u_i}{\partial x_j} + \frac{\partial u_j}{\partial x_i} \right) \qquad (i, j = 1, 2) \tag{6-14}$$

6.1.2 基本假设

6.1.2.1 Bousinesq 涡黏假定

流体的密度跟压强和温度有关。在低速流动时,流体压强变化不大,主要是由于温度的变化引起密度变化,因此忽略压强变化引起的密度变化,只考虑温度变化引起的密度变化。

6.1.2.2 静水压假定

垂向加速度远小于重力加速度,因此在垂向动量方程中忽略垂向加速度,而近似采用静水压假定。故垂向动量方程为静压方程。

6.1.3 边界条件

6.1.3.1 陆地边界

$$\vec{u} \cdot \vec{n} = 0 \tag{6-15}$$

式中,$\vec{n}$ 为边界法向单位矢量,$\vec{u}$ 为流速矢量。

6.1.3.2 开边界

水流开边界条件主要有以下 3 种类型:

——给定水位过程线 $z = z(t)$;

——给定流量过程线 $q = q(t)$;

——给定边界上的流动情况,包括流速和流向。

6.1.3.3 雷诺方程表层和底部边界条件

当 $z = \eta$ 时:

$$\frac{\partial \eta}{\partial t} + u\frac{\partial \eta}{\partial x} + v\frac{\partial \eta}{\partial y} - w = 0, \left(\frac{\partial u}{\partial z}, \frac{\partial v}{\partial z} \right) = \frac{1}{\rho_0 v_t}(\tau_{sx}, \tau_{sy}) \tag{6-16}$$

当 $z = -d$ 时：

$$u\frac{\partial d}{\partial x} + v\frac{\partial d}{\partial y} + w = 0, \left(\frac{\partial u}{\partial z}, \frac{\partial v}{\partial z}\right) = \frac{1}{\rho_0 v_t}(\tau_{bx}, \tau_{by}) \tag{6-17}$$

式中，(τ_{sx}, τ_{sy}) 和 (τ_{bx}, τ_{by}) 分别是 x 和 y 方向的表面风应力和底应力。

6.1.3.4 k-ε 方程表层和底部边界条件

湍流动能及其耗散率的自由水面边界条件取决于风切应力 $U_{\tau s}$。

当 $z = \eta$ 时：

$$k = \frac{1}{\sqrt{c_\mu}}U_{\tau s}^2, \varepsilon = \begin{cases} \dfrac{U_{\tau s}^3}{\kappa \Delta z_s} & U_{\tau s} > 0 \\ \dfrac{\partial k}{\partial z} = 0, \dfrac{(k\sqrt{c_\mu})^{3/2}}{a\kappa h} & U_{\tau s} = 0 \end{cases} \tag{6-18}$$

式中，$\kappa = 0.4$ 是 von Karman 常数，$a = 0.07$ 是经验常数，Δz_s 是从表层到边界条件所在处的距离。

在水体底部的边界条件如下：

当 $z = -d$ 时：

$$k = \frac{1}{\sqrt{c_\mu}}U_{\tau b}^2, \varepsilon = \frac{U_{\tau b}^3}{\kappa \Delta z_b} \tag{6-19}$$

式中，Δz_b 是从底部到边界条件所在处的距离。

6.1.4　坐标系统

平面采用笛卡尔坐标系。

为了较好地拟合海底地形，模型垂向采用 σ 坐标系统，即地形跟踪坐标系统，如图 6-1 所示。

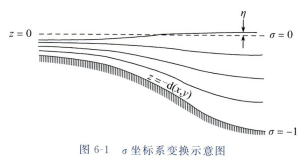

图 6-1　σ 坐标系变换示意图

在 σ 坐标系中，

$$\sigma = \frac{z - \eta}{h}, x' = x, y' = y \tag{6-20}$$

σ 的值在表层取 0,在底层取 -1。坐标转换过程中有如下关系:

$$\frac{\partial}{\partial z} = \frac{1}{h} \cdot \frac{\partial}{\partial \sigma} \tag{6-21}$$

$$\left(\frac{\partial}{\partial x}, \frac{\partial}{\partial y}\right) = \left(\frac{\partial}{\partial x'} - \frac{1}{h}\left(-\frac{\partial d}{\partial x} + \sigma\frac{\partial h}{\partial x}\right)\frac{\partial}{\partial \sigma}, \frac{\partial}{\partial y'} - \frac{1}{h}\left(-\frac{\partial d}{\partial y} + \sigma\frac{\partial h}{\partial y}\right)\frac{\partial}{\partial \sigma}\right) \tag{6-22}$$

有关方程转换的详细过程及结果在此省略,有兴趣的读者可参阅相关文献。

6.1.5 模型求解方法

在解域上离散时运用了有限体积法,通过细化的连续不重叠的单元在空间域上进行离散。在三维的情况下则采用分层网格:在水平空间上采用非结构化网格,而在垂直空间上采用 σ 坐标或者是 σ/z 联用坐标离散。这些单元可以构造成水平面分别是三角形和四边形的棱柱和六面体,它们是完全垂直的,并且在每一层都有完美的拓扑结构。

求解过程中,对控制方程进行归一化,得:

$$\frac{\partial U}{\partial t} + \frac{\partial(F_x^I - F_x^V)}{\partial x} + \frac{\partial(F_y^I - F_y^V)}{\partial y} = S \tag{6-23}$$

对于归一化后的方程,根据高斯定理,将面积分化为线积分,得:

$$\int_{A_i} \frac{\partial U}{\partial t} d\Omega + \int_{\Gamma_i} (F \cdot n) ds = \int_{A_i} S(U) d\Omega \tag{6-24}$$

进一步简化为:

$$\frac{\partial U_i}{\partial t} + \frac{1}{A_i} \sum_j^{NS} F \cdot n \Delta\Gamma_j = S_i \tag{6-25}$$

问题归结于如何求解跨边界通量 F。法向通量计算通过在沿外法向建立单元水力模型,并求解一维黎曼问题而得到。使用 Roe 近似黎曼解法,来求解黎曼问题,采用线性梯度重构技术可以使其达到二阶空间精度。为了避免数值震荡,使用二阶全变差下降(TVD)限制器。在低阶格式下,水平界面处的对流通量通过一阶迎风(upwind)格式求得;而在高阶格式下,流量近似用跨越界面上下单元的流量的平均值求得。

6.2 非结构化网格三维水质与生态动力学模型

6.2.1 水质模型

水质模型控制方程为

$$\frac{\partial c}{\partial t} + u\frac{\partial c}{\partial x} + v\frac{\partial c}{\partial y} + w\frac{\partial c}{\partial z} = \frac{\partial}{\partial z}\left(K_H \cdot \frac{\partial c}{\partial z}\right) + S_c \qquad (6\text{-}26)$$

式中，c 为污染物浓度；u、v 和 w 分别为 x、y 和 z 方向上的流速；S_c 为源汇项；K_H 为水平扩散系数。

水平扩散系数 K_H 的确定，是建立 K_H 与每一计算时步流速间的关系，公式如下：

$$K_H = C_v \Delta x \Delta y \sqrt{\left(\frac{\partial u}{\partial x}\right)^2 + \left(\frac{\partial v}{\partial y}\right)^2 + \frac{1}{2}\left(\frac{\partial u}{\partial y} + \frac{\partial v}{\partial x}\right)^2} \qquad (6\text{-}27)$$

式中，Δx、Δy 为水平网格距，C_v 取值范围为 0.1～0.5。

6.2.2 生态动力学模型

广西近岸海域生态动力学模采用 DHI MIKE 软件的 ECO Lab 二次开发工具进行，开发出的 ECO Lab EU 生态动力学模块能详细描述水中 DO 状态、营养盐的循环过程、浮游藻类和浮游动物的生长、根生植物以及大型藻类的生长和分布，其基本原理如下。

6.2.2.1 控制方程

$$\frac{\partial c}{\partial t} + u\frac{\partial c}{\partial x} + v\frac{\partial c}{\partial y} + w\frac{\partial c}{\partial z} = D_x\frac{\partial^2 c}{\partial x^2} + D_y\frac{\partial^2 c}{\partial y^2} + D_z\frac{\partial^2 c}{\partial z^2} + S_c + P_c \qquad (6\text{-}28)$$

式中，c 为污染物浓度；u、v 和 w 分别为 x、y 和 z 方向上的流速；D_x、D_y 和 D_z 分别为 x、y 和 z 方向的扩散系数；S_c 为源汇项；P_c 为 ECO Lab（生化）过程。

6.2.2.2 生化需氧量（BOD）

BOD 衰减过程采用一级反应方程模拟，即

$$\frac{d\text{BOD}}{dt} = -\text{BOD}_{decay} = -K_3 \cdot \text{BOD} \cdot \theta_3^{T-20} \cdot \frac{\text{DO}}{\text{DO} + \text{HS\_BOD}} \qquad (6\text{-}29)$$

式中，BOD 为实际生化需氧量浓度（mg/L）；K_3 为 20 ℃下有机物的降解系数（d^{-1}）；θ_3 为阿伦尼乌斯温度系数；T 为温度（℃）；DO 为实际的氧浓度（mg/L）；HS_BOD 为 BOD 的半饱和氧浓度（mg/L）。

6.2.2.3 富营养化过程

ECO Lab 富营养化模块描述了营养盐的循环过程、浮游藻类和浮游动物

的生长、根生植物以及大型藻类的生长和分布,同时模拟水体中的氧环境(图6-2)。

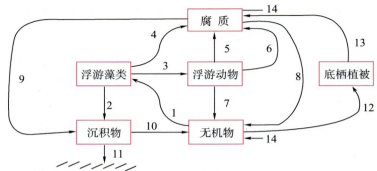

1—浮游藻类生产;2—浮游藻类沉降;3—牧食;4—浮游藻类死亡;5—浮游动物排泄;6—浮游动物死亡;7—浮游动物呼吸;8—悬浮性腐质的矿化;9—腐质沉积;10—腐质矿化;11—沉积物中的累积;12—底栖植被生产;13—底栖植被死亡;14—与水体的交换。

图6-2 ECO Lab 模块模拟的主要过程

6.2.2.3.1 与浮游藻类有关的计算

对于浮游藻类中营养盐的含量变化,主要考虑了生产摄取、牧食、沉积、死亡过程对营养盐含量的影响。在计算浮游藻类营养盐的含量时,以碳循环为基础,氮和磷以一定的质量比进行推算。

$$\frac{dPC}{dt} = PRPC - GRPC - SEPC + SEPC^{n-1} - DEPC \tag{6-30}$$

$$\frac{dPP}{dt} = UPPP - GRPP - SEPP + SEPP^{n-1} - DEPP \tag{6-31}$$

$$\frac{dPN}{dt} = UPPN - GRPN - SEPN + SEPN^{n-1} - DEPN \tag{6-32}$$

$$\frac{dCH}{dt} = PRCH - DECH - SECH + SECH^{n-1} \tag{6-33}$$

式中,PC、PP 和 PN 分别为浮游藻类的碳含量、磷含量和氮含量(g/m^3);CH 为叶绿素浓度(g/m^3);PRPC 和 PRCH 分别代表浮游藻类生产过程中产生的碳和叶绿素;GRPC、GRPP 和 GRPN 分别代表浮游植物被牧食消耗的碳、磷和氮的量;SEPC、SEPP、SEPN 和 SECH 分表代表浮游植物沉降过程碳、磷、氮和叶绿素的变化量,$n-1$ 代表从上层水体输入;DEPC、DEPP、DEPN 和 DECH 分别代表浮游植物死亡过程碳、磷、氮和叶绿素的变化量。

6.2.2.3.1.1　浮游植物生产摄食（PRPC）

$$PRPC = \mu \cdot F(I) \cdot F_1(T) \cdot F_1(N,P) \cdot FAC \cdot RD \tag{6-34}$$

式中，μ 为 20 ℃下最大生长速率（d^{-1}）；FAC 为暗反应修正因子；RD 为相对昼长；$F(I)$ 为光限制函数：

$$F(I) = \begin{cases} I/I_K & I < I_K \\ 1 & I \geqslant I_K \end{cases} \tag{6-35}$$

其中，I_K 是光饱和量，$I_K = \alpha \cdot \theta_i^{(T-20)}$（$E/m^2/d$）；$I$ 为实际光辐射量（$E/m^2/d$）；α 为 20 ℃下藻类的光饱和等级（$E/m^2/d$）；θ_i 为温度系数；T 是水温（℃）。

$F_1(T)$ 为温度限制函数。一般情况下，所有的速率都会随温度的升高而增大，光合作用达到最大值时的辐射强度等级也随温度升高而达到较高值。

$$F_1(T) = \theta_g^{T-20} \tag{6-36}$$

其中，θ_g 为浮游植物生长的温度系数。

$F_1(N,P)$ 为营养盐限制函数，以 Droop 模型为理论基础，主要考虑浮游植物细胞内部的营养盐浓度对浮游植物生长起主要影响作用。

$$F_1(N,P) = \frac{2}{\dfrac{1}{F(N)} + \dfrac{1}{F(P)}} \tag{6-37}$$

$$F(N) = \frac{PN/PC - PN_{min}}{PN_{max} - PP_{min}} \tag{6-38}$$

$$F(P) = \frac{(PP/PC - PP_{min})(KC + PP_{max} - PP_{min})}{(PP_{max} - PP_{min})(KC + PP/PC - PP_{min})} \tag{6-39}$$

式中，PN_{min} 和 PN_{max} 分别是植物内部氮含量的最小和最大值（g/g）；PP_{min} 和 PP_{max} 分别为植物内部磷含量的最小和最大值（g/g）；KC 为浮游植物的半饱和含量（g/g）。

6.2.2.3.1.2　浮游藻类被牧食（GRPC）

浮游藻类被牧食量可表示为

$$GRPC = \mu_z \cdot F_2(T) \cdot \frac{1}{F(PC)} \cdot F_1(DO) \cdot ZC \tag{6-40}$$

式中，μ_z 为 20 ℃下最大牧食率系数；$F_2(T)$ 为指数型温度限制函数，$F_2(T) = \theta_z^{T-20}$，θ_z 为摄取率的温度系数；$F(PC)$ 为浮游藻类限制函数，$F(PC) = 1 + e^{(K_1 - K_2 \cdot PC)}$，$K_1$ 和 K_2 为描述取决于浮游藻类生产量的摄取率因子；$F_1(DO)$ 为氧限制函数，$F_1(DO) = \dfrac{DO^2}{DO^2 + MDO}$，MDO 为由于耗氧引起的摄取率减少的氧

浓度;ZC 为浮游动物含碳量。

6.2.2.3.1.3 浮游藻类沉降(SEPC)与死亡(DEPC)

浮游藻类沉降分两种情况:

在浅水($H<2$ m)条件下,

$$SEPC=\mu_s \cdot F_2(N,P) \cdot PC \tag{6-41}$$

水深大于等于 2 m($H\geqslant 2$ m)时,

$$SEPC=U_s/H \cdot F_2(N,P) \cdot PC \tag{6-42}$$

式中,μ_s 为沉降速率(d^{-1});U_s 为沉降速度(m/d);H 是水深(m)。

在这个模型中,随着内部营养盐库的减少,浮游藻类的自然死亡率升高。在模型中假设死亡率是和浮游藻类的营养状态成比例的。

$$DEPC=\mu_d \cdot F_2(N,P) \cdot PC \tag{6-43}$$

式中,μ_d 是在最适营养条件下的死亡率(d^{-1});$F_2(N,P)=\frac{1}{2} \cdot [PN_{max}/(PN/PC)+PP_{max}/(PP/PC)]$,其最小值为 1,最大值是 PN/PC 和 PP/PC 比值最小时的值,最大值一般取 10 左右。

6.2.2.3.2 与浮游动物有关的计算

浮游动物的变化率主要涉及浮游动物生长和死亡两个过程,并假定其生长量与浮游藻类被牧食量相关。

浮游动物变化率:

$$\frac{dZC}{dt}=PRZC-DEZC \tag{6-44}$$

浮游动物生长量:

$$PRZC=GRZC \cdot V_c \tag{6-45}$$

式中,PRZC 代表浮游动物生产的碳,而 DEZC 则代表浮游动物死亡而带走的碳,V_c 为浮游动物的生长系数常数;GRZC 为浮游动物的牧食率。

浮游动物的死亡、腐烂与浮游动物存在比例关系。较高的密度下,其关系是二阶的,即

$$DEZC=K_{d1} \cdot ZC+K_{d2} \cdot ZC^2 \tag{6-46}$$

式中,K_{d1} 和 K_{d2} 为比例常数,K_{d1} 在浮游动物浓度低于 1 g/m³ 时尤为重要,而 K_{d2} 在高浓度浮游动物存在的情况下起重要作用。

6.2.2.3.3 与碎屑有关的计算

碎屑中碳平衡关系可表示为

$$\frac{\mathrm{dDC}}{\mathrm{d}t}=(1-V_{\mathrm{m}})\cdot \mathrm{DEPC}+\mathrm{EKZC}+\mathrm{SLBC}/h$$

$$-\mathrm{SEDC}-\mathrm{SEDC}^{n-1}-\mathrm{REDC}+\mathrm{DEZC} \qquad (6\text{-}47)$$

碎屑沉降量：

$$\mathrm{SEDC}=\begin{cases}\mu_{\mathrm{d}}\cdot \mathrm{DC},h<2\ \mathrm{m}\\ U_{\mathrm{d}}/h\cdot \mathrm{DC},h>2\ \mathrm{m}\end{cases} \qquad (6\text{-}48)$$

浮游动物排泄作用：

$$\mathrm{EKZC}=\mathrm{GRPC}-\mathrm{PRZC}-\mathrm{REZC} \qquad (6\text{-}49)$$

浮游动物呼吸作用：

$$\mathrm{REZC}=K_{\mathrm{R}}\cdot \mathrm{GRPC} \qquad (6\text{-}50)$$

浮游动物矿化作用：

$$\mathrm{REDC}=\mu_{\mathrm{m}}\cdot F_3(T)\cdot F_1(\mathrm{DO})\cdot \mathrm{DC} \qquad (6\text{-}51)$$

$$F_3(T)=\theta_{\mathrm{D}}^{(T-20)} \qquad (6\text{-}52)$$

式中，V_{m} 为死亡的浮游藻类比例；μ_{d} 为碎屑在浅水的沉降参数（d^{-1}）；U_{d} 为碎屑沉降速度参数（$\mathrm{m/d}$）；K_{R} 为比例系数；μ_{m} 为 20 ℃下最大矿化速率（d^{-1}）；θ_{D} 为碎屑矿化的温度系数。

6.2.2.3.4　与无机氮有关的计算

无机氮（IN）是指氨、硝酸盐和亚硝酸盐等，无机氮平衡包括初级生产者浮游藻类（UNPN）、底栖植物（UNBN）吸收过程和有机氮（REDN）、浮游动物（REZN）和碎屑（RESN）的矿化过程产生的无机氮，MIKE3 模型中碎屑和浮游动物矿化产生的无机氮量（RESN）仅与水体底层相关。

$$\frac{\mathrm{dIN}}{\mathrm{d}t}=\mathrm{REDN}+\mathrm{REZN}+\mathrm{RESN}+V_{\mathrm{m}}\cdot \mathrm{DEPN}-\mathrm{UNPN}-\mathrm{UNBN} \qquad (6\text{-}53)$$

6.2.2.3.4.1　矿化过程

输入量：

$$\mathrm{RESN}=K_{\mathrm{SN}}\cdot F_5(T)\cdot F_2(\mathrm{DO})\cdot (\mathrm{SEDN}+\mathrm{SEPN}) \qquad (6\text{-}54)$$

温度限制函数：

$$F_5(T)=\theta_{\mathrm{m}}^{(T-20)} \qquad (6\text{-}55)$$

氧限制函数：

$$F_2(\mathrm{DO})=\mathrm{DO}/(\mathrm{DO}+\mathrm{MDO}) \qquad (6\text{-}56)$$

式中，K_{SN} 为 20 ℃的比例因子；θ_{m} 为矿化的温度系数；SEDN 和 SEPN 分别为

碎屑和浮游藻类沉降的无机氮量。

缺氧条件下,无机氮的释放不仅仅与沉积物质有关,还是零阶函数。

$$\text{RESN} = N_{\text{REL}}/h, \quad \text{DO} < \text{MDO} \tag{6-57}$$

式中,N_{REL} 为缺氧条件下的释放率$[\text{g}/(\text{m}^2 \cdot \text{d})]$。

6.2.2.3.4.2 吸收过程

吸收过程分为浮游藻类和底栖植物。

浮游藻类的吸收量模型包括模拟由细胞内浓度决定的养分的限制性增长。浮游藻类的吸收量在限制和非限制条件下是不同的。

在限制条件下,即 $\text{PN} < \text{PN}_{\text{max}}$,无机氮吸收或通过吸收细胞外无机氮来实现,或通过吸收生化分解释放的和外部供应的营养盐来实现。

$$\text{UNPN} = \min \left\{ \begin{array}{l} \max \left[\begin{array}{l} V_{\text{kn}} \cdot \dfrac{\text{IN}}{\text{IN} + \text{KPN}} \cdot \text{PC} \\ \text{mineralization} + \text{external supply} \end{array} \right. \\ \\ \text{PRPC} \cdot \text{PN}_{\text{max}} \end{array} \right. \tag{6-58}$$

在非限制条件下,浮游藻类吸收计算如下:

$$\text{UNPN} = \min \left\{ \begin{array}{l} V_{\text{kn}} \cdot \dfrac{\text{IN}}{\text{IN} + \text{KPN}} \cdot \text{PC} \\ \\ \text{PRPC} \cdot \text{PN}_{\text{max}} \end{array} \right. \tag{6-59}$$

式中,V_{kn} 为氮的吸收率常数(d^{-1});KPN 为氮吸收的半饱和浓度(mg/L)。

底栖植物吸收的无机氮量:

$$\text{UNBN} = \text{PNB} \cdot (\text{PRBC}/h) \tag{6-60}$$

式中,PNB 为氮与碳比(N/C);PRBC 为底栖植物的生产力,见后续底栖植物质量平衡关系。

6.2.2.3.5 与无机磷有关的计算

无机磷主要来自矿化过程的输入和浮游藻类、浮游动物的吸收,可表示为

$$\frac{\text{dIP}}{\text{d}t} = \text{REDP} + \text{REZP} + \text{RESP} + V_{\text{m}} \cdot \text{DEPP} - \text{UPPP} - \text{UPBP} \tag{6-61}$$

其中,RESP 仅与水体底部有关。

6.2.2.3.5.1 矿化输入

富氧情况:

$$\text{RESP} = K_{\text{SP}} \cdot F_5(T) \cdot F_2(\text{DO}) \cdot (\text{SEDP} + \text{SEPP}) \tag{6-62}$$

缺氧情况（DO<MDO）：

$$\text{RESP} = P_{\text{REL}}/h \tag{6-63}$$

式中，K_{SP} 为 20 ℃下的比例系数；P_{REL} 为释放常数 $[\text{g}/(\text{m}^3 \cdot \text{d})]$。

6.2.2.3.5.2 浮游藻类吸收

非限制条件下：

$$\text{UPPP} = \min \begin{cases} V_{\text{kp}} \cdot \dfrac{\text{IP}}{\text{IP}+\text{KPP}} \cdot \text{PC} \\ \\ \text{PRPC} \cdot \text{PP}_{\max} \end{cases} \tag{6-64}$$

限制条件下：

$$\text{UPPP} = \min \begin{cases} \max \begin{cases} V_{\text{kp}} \cdot \dfrac{\text{IP}}{\text{IP}+\text{KPP}} \cdot \text{PC} \\ \text{mineralization} + \text{external supply} \end{cases} \\ \\ \text{PRPC} \cdot \text{PP}_{\max} \end{cases} \tag{6-65}$$

式中，V_{kp} 为磷的吸收率常数（d^{-1}）；KPP 为磷吸收的半饱和浓度（mg/L）。

6.2.2.3.5.3 底栖藻类吸收

$$\text{UPBP} = \text{PPB} \cdot (\text{PRBC}/h) \tag{6-66}$$

式中，PPB 为磷碳比；PRBC 为底栖植物生产力 $[\text{g}/(\text{m}^2 \cdot \text{d})]$。

6.2.2.3.6　与 DO 有关的计算

DO 主要来自初级生产者的氧气生产、矿化和呼吸作用的氧气消耗以及复氧作用，其氧气的质量平衡可表示为

$$\frac{\text{dDO}}{\text{d}t} = \text{ODPC} + \text{ODBC} - \text{ODZC} - \text{ODDC} - \text{ODSC} - V_{\text{m}} \cdot V_0 \cdot \text{DEPC} + \text{REAR} \tag{6-67}$$

浮游藻类的产生量：

$$\text{ODPC} = V_0 \cdot \text{PRPC} \tag{6-68}$$

底栖植物的产生量：

$$\text{ODBC} = V_0 \cdot (\text{PRBC}/h) \tag{6-69}$$

碎屑矿化作用：

$$\text{ODDC} = V_0 \cdot \text{REDC} \tag{6-70}$$

浮游动物呼吸作用：

$$ODZC = V_0 \cdot REZC \tag{6-71}$$

死亡的浮游藻类矿化作用：

$$V_0 \cdot V_m \cdot DEPC \tag{6-72}$$

沉积物氧气消耗量：

$$ODSC = V_0 \cdot RESC \tag{6-73}$$

沉积物需氧量：

$$RESC = K_{MSC} \cdot F_5(T) \cdot F_2(DO) \cdot (SEPC + SEDC) \tag{6-74}$$

复氧作用：

$$REAR = K_{RA} \cdot (C_s - DO) \tag{6-75}$$

$$C_s = 14.652 - 0.084\,1S + T[0.002\,56S - 0.410\,22$$
$$+ T(0.007\,991 - 0.000\,037\,4S - 0.000\,077\,774T)] \tag{6-76}$$

式中，V_0 为生长过程中的氧碳比；K_{MSC} 为 20 ℃下的比例因子和氧化条件；K_{RA} 为复氧率（d^{-1}）；C_s 为氧气饱和浓度（g/m^3）；T 为水温（℃）；S 为盐度。

6.2.2.3.7　与底栖藻类有关的计算

底栖植物的质量平衡为

$$\frac{dBC}{dt} = PRBC - SLBC \tag{6-77}$$

底栖植物生长量：

$$PRBC = \mu_B \cdot F_6(T) \cdot F_3(I) \cdot F_4(N,P) \cdot RD \cdot BC \tag{6-78}$$

温度限制函数：

$$F_6(T) = \theta_B^{(T-20)} \tag{6-79}$$

光限制函数：

$$F_3(I) = \begin{cases} I_B/IK_B, & I_B < IK_B \\ 1, & I_B \geqslant IK_B \end{cases} \tag{6-80}$$

$$F_4(N,P) = \frac{2}{\left(\dfrac{1}{F_2(N)} + \dfrac{1}{F_2(P)}\right)} \tag{6-81}$$

$$F_2(N) = \frac{IN}{IN + KBN} \tag{6-82}$$

$$F_2(P) = \frac{IP}{IP + KBP} \tag{6-83}$$

底栖植物损失/腐化量：

$$\text{SLBC} = \mu_s \cdot F_7(T) \cdot (\text{BC} - \text{BABC}) \tag{6-84}$$

$$F_7(T) = \theta_s^{(T-20)} \tag{6-85}$$

式中，μ_B 为 20 ℃的特定净生长率；RD 为相对日长；θ_B 底栖植物生长的温度系数；I_B 和 I_{KB} 分别为底部的光强度和底栖植物的光饱和强度[mol/(m^2 · d)]；KBN 和 KBP 分别为氮限制函数和磷限制函数的半饱和常数；μ_s 为 20 ℃下的损失/腐化率(d^{-1})；θ_s 为损失的温度系数；BABC 为单位面积底栖植物的最小生物量(g/m^2)。

6.2.2.4　初始条件和边界条件

初始条件：

$$c(x,y,z)\big|_{t=0} = c_0(x,y,z) \tag{6-86}$$

式中，c_0 为初始条件下的已知浓度值。

开边界采用已知浓度控制：

$$c(x,y,z)\big|_\Gamma = c^*(x,y,z) \tag{6-87}$$

固体边界取 0 通量，$\dfrac{\partial c}{\partial n} = 0$，即认为没有污染物通量穿过固壁。

6.2.2.5　模型的求解

将控制方程表示成 $\dfrac{\partial c}{\partial t} = \text{AD}_c + P_c$，其中 AD_c 代表对流扩散作用(包括源汇项)引起的污染物浓度变化率，对其进行时间显式积分，以计算下一个时间的浓度值。通过将每个时间步长中 AD_c 作为常量处理，可得到近似解。积分方法有欧拉积分法、龙格-库塔四阶方法和龙格-库塔五阶方法。

$$c(t+\Delta t) = \int_t^{t+\Delta t} (P_c(t) + \text{AD}_c) + \Delta t \tag{6-88}$$

$$\text{AD}_c = \frac{c^* + (t+\Delta t) - c^n(t)}{\Delta t} \tag{6-89}$$

式中，c^* 是通过把污染物当作保守物质，由 AD 模块模拟计算得到的瞬时浓度。

6.3　基于拉格朗日模式的溢油跟踪模型

油膜扩散模型是基于拉格朗日模式的粒子追踪模型，比求解欧拉对流扩散方程模式更为贴近油膜的实际物理输移特征。粒子的移动由流体的对流作用和紊动引起，对流速度可从水动力模拟过程得到，而紊流的作用由扩散系数来控制。

将油划分成 8 个受密度、蒸汽压和倾点等影响的组分,油粒子的特征由组分比例来描述。油团体积的变化由风化作用引起,主要过程包括乳化作用、蒸发作用、水体的夹带和溶解作用等。

6.3.1 基本假定

6.3.1.1 输运和扩散

将油粒子划分为离散的油团,假定油团随着周围的水体进行平流输送,扩散过程是随机过程。

6.3.1.2 修正 Fay 重力-黏力公式的基本假定

油被认为是一种均质体。假定油膜以圆形向外扩展为连续的薄层(尽管实际的油膜是以条纹状出现且形状是不规则的)。扩展过程中油膜没有质量损失。鉴于蒸发过程和扩散过程的重要影响,对于实际油膜来说,这一假定当然是不合适的。

6.3.1.3 蒸发过程基本假定

油薄层内并存扩散限制。这个假定在温度高于 0 ℃,且油膜厚度低于 5 cm 的情况下是合理的。油团形成理想混合物。相对于蒸汽压而言,各组分在空气中的分压可以忽略。

6.3.1.4 溶解过程假定

假定与溶解度相比,烃类的实际浓度是可以忽略的。

6.3.2 对流扩散过程

拉格朗日方法中,污染物被分为大量的小粒子,粒子的运动受到各个物理化学过程的影响。一旦粒子被排放到水体中,参照给定的网格系统追踪粒子的路径和质量,粒子的密度可被理解为污染物浓度。

拉格朗日方法计算的每个油粒子的位移是通过对一个确定的对流部分和一个独立的随机马氏部分的求和。马氏过程在统计意义上近似代表了潮汐混合随机/混沌时均特性。

在随机游走模型中,每个粒子的位置通过非线性朗之万方程描述:

$$\frac{\mathrm{d}x}{\mathrm{d}t} = A(x,t) + B(x,t)\xi(t) \tag{6-90}$$

式中,$A(x,t)$ 和 $B(x,t)$ 均为已知矢量,分别代表了改变 $x(t)$ 的确定力和随机力;$\xi(t)$ 是包含随机数的矢量,代表了潮汐混合的随机/混沌属性。

采用合适的离散格式(如显式欧拉格式)对上式进行离散,得到:

$$\Delta x_n = x_n - x_{n-1} = A(x_{n-1}, t_{n-1})\Delta t + B(x_{n-1}, t_{n-1})\sqrt{\Delta t} Z_n \qquad (6\text{-}91)$$

式中,Z_n 是一个由求解问题决定维数的矢量,其值为独立的随机数。

为了使离散后的方程与污染物对流扩散方程等效,A 和 B 的取值如下:

$$A = \begin{bmatrix} \dfrac{D_{xx}}{h}\dfrac{\partial h}{\partial x} + \dfrac{\partial D_{xx}}{\partial x} + \dfrac{D_{xy}}{h}\dfrac{\partial h}{\partial y} + \dfrac{\partial D_{xy}}{\partial y} + u \\[3mm] \dfrac{D_{yy}}{h}\dfrac{\partial h}{\partial y} + \dfrac{\partial D_{yy}}{\partial y} + \dfrac{D_{yx}}{h}\dfrac{\partial h}{\partial x} + \dfrac{\partial D_{yx}}{\partial x} + v \end{bmatrix} \qquad (6\text{-}92)$$

$$\frac{1}{2}BB^T = \begin{bmatrix} D_{xx} & D_{xy} \\ D_{yx} & D_{yy} \end{bmatrix} \qquad (6\text{-}93)$$

6.3.3　溢油过程

6.3.3.1　输运过程

6.3.3.1.1　扩展过程

油一旦排放到水体表面后将迅速扩大其表面积,这个扩展过程主要有 2 种不同机制引起。其一是油膜性质引起的扩展,如油水密度差异和表面张力等。这个过程可分为 3 个阶段:① 初始阶段,重力和惯性起重要作用;② 中间阶段,重力和黏滞力起最显著的作用;③ 最后阶段,表面张力和黏滞力处于平衡的状态。其二是扩散引起的油膜扩展。波、潮流和风引起的随机运动改变某油组分相对于其他组分的位置,将其从油膜的质心处移开。当油膜被分解成具有稳定表面积的薄层后,只有扩散才能将某油组分从质心移动开来。

扩展过程采用修正的 Fay 重力-黏力公式计算油膜扩展,其基本假定为

$$\frac{\mathrm{d}A_{\text{oil}}}{\mathrm{d}t} = K_a \cdot A_{\text{oil}}^{1/3} \cdot \left(\frac{V_{\text{oil}}}{A_{\text{oil}}}\right)^{4/3} \qquad (6\text{-}94)$$

式中,A_{oil} 为油膜面积(m^2),$A_{\text{oil}} = \pi \cdot R_{\text{oil}}^2$;$K_a$ 为常数(s^{-1});t 为时间(s);R_{oil} 为油膜直径(m);V_{oil} 为油膜体积(m^3),$V_{\text{oil}} = R_{\text{oil}}^2 \cdot \pi \cdot h_s$;$h_s$ 为初始油膜厚度,并认为 $t = 0$,$h_s = 10$ cm。

一般而言,经过一段时间之后,油将停止扩展,除个别油团的倾点超过当地水体温度的情形外。

6.3.3.1.2　漂移过程

漂移的控制因素为水流输送和风驱输送,总漂移速度可以通过以下权重方程计算得到:

$$U_{tot} = c_w(z)U_w + c_a(z)U_a \tag{6-95}$$

式中，U_{tot}、U_w 和 U_a 分别为漂移速度、水面 10 m 高处风速和潮流速度（m/s）；$c_w(z)$ 为风漂移因子，$c_a(z)$ 为水流对流因子。

风漂移速度的大小一般认为与自由水面 10 m 处的风速成比例，而 c_w^* 一般与风漂移因子合并到同一项形成 $c_w(z)$。

风力的作用被分为近岸和远离海岸两部分。在浅水水域中，如果水深小于某一给定水深 h_{spe}，则采用近岸公式；如果水深超过给定水深 h_{spe}，则利用远岸公式。远岸公式的适用范围仅限于水深超过给定水深 h_{spe} 且小于风力影响水深 h_w 的范围。

远岸公式：

$$c_w(z) = c_w^* \cdot \exp(-k_0 z) \quad 0 \leqslant z \leqslant h_w \tag{6-96}$$

式中，$k_0 = 3/h_w$，m；h_w 为风力影响的水深（m）；z 为从自由水面计起的垂向坐标（m）；c_w^* 为风漂移因子，取值为 0.03～0.04。

为了避免产生由风切应力引起的额外质量通量，调整 $c_w(z)$，令其净流量为 0，其表达式如下：

$$c_w(z) = -\frac{1}{h_w} \int_0^{h_w} c_w(z)dz + c_w(z) \tag{6-97}$$

近岸公式：

近岸风力作用因子为抛物线形式，其表达式如下：

$$c_w(z) = c_w^* \left(1 - 3\frac{z}{h}\right)\left(1 - \frac{z}{h}\right) \quad 0 \leqslant z \leqslant h \tag{6-98}$$

式中，h 为局部水深（m）。

抛物线形式的 $c_w(z)$ 将使得在水体上部的风生流与风向为同一方向，而底部的风生流将与风向相反。

由于科氏力的影响，相对于风的方向而言，风漂移方向将发生改变，其偏角称为风漂移角 θ_w，且北半球向右偏，南半球向左偏。

$$\theta_w = \beta \exp\left(\frac{\alpha |U_w|^3}{g\gamma_w}\right) \tag{6-99}$$

式中，$\alpha = -0.3 \times 10^{-8}$，$\beta = 28°38'$，$\gamma_w$ 为海水的动力黏滞系数[kg/(m·s)]；g 为重力加速度。

风漂移角的大小随着地理位置和风速而变化，通常在广西北海取 12°～15°，向赤道逐步减为 0。

6.3.3.1.3 紊动扩散过程

污染物在 Δt 时间内扩散输运的平均距离 S_{rms}：

纵向方向：

$$S_{rms,L}=\sqrt{2 \cdot D_L \cdot \Delta t} \tag{6-100}$$

横向方向：

$$S_{rms,T}=\sqrt{2 \cdot D_T \cdot \Delta t} \tag{6-101}$$

式中，D_L 和 D_T 是水平方向的扩散系数。

对于某个组分，扩散的步长由下式随机产生：

$$S=[R]_{-r}^{r}, \quad -r \leqslant S \leqslant r \tag{6-102}$$

式中，$[R]_{-r}^{r}$ 为 $[-r,r]$ 区间内的随机数，选择合适的 r 使得 S_{rms} 等于所有 S 的平方。因为随机数在 $[-r,r]$ 变化，且

$$\left[\frac{1}{2} \int_{-1}^{1} S^2 dS \right]^{1/2}=\frac{1}{\sqrt{3}} \tag{6-103}$$

所以，任何组分的扩散距离为

$$S_L=[R]_{-r}^{r}\sqrt{6 \cdot D_L \cdot \Delta t} \tag{6-104}$$

$$S_T=[R]_{-r}^{r}\sqrt{6 \cdot D_T \cdot \Delta t} \tag{6-105}$$

假定水平扩散各向同性，Δt 时间内某个方向上的可能扩散距离 S_α 可表示为

$$S_\alpha=[R]_{-r}^{r}\sqrt{6 \cdot D_\alpha \cdot \Delta t} \tag{6-106}$$

6.3.3.1.4 垂向扩散过程

油团进入水体中是通过一系列机制完成的，包括溶解、扩散、絮凝和沉淀。其中，在第一周的风化过程中，扩散和絮凝是最重要的机制。

油单位时间内的海面扩散分数根据不存在波浪破碎的情况下海面损失的分数计算，其计算公式为

$$D=D_a D_b \tag{6-107}$$

$$D_a=\frac{0.11(1+U_w)^2}{3\,600} \tag{6-108}$$

$$D_b=\frac{1}{1+50\mu_{oil} h_s \gamma_{ow}} \tag{6-109}$$

式中，D_a 为单位时间内进入水体的分量；D_b 为进入水体后不再返回油膜的分

量；U_w 为风速（m/s）；μ_{oil} 为油的黏性（cP）；h_s 为油膜厚度（cm）；γ_{ow} 为油水界面张力（dyn/cm）。

则油滴返回油膜的速度：

$$\frac{dV_{oil}}{dt} = D_a(1 - D_b) \tag{6-110}$$

6.3.3.2 风化过程

海面溢油在其输运扩散的过程中，也同时经历着诸如蒸发和乳化等各种风化过程，直接导致油膜的理化性质的变化。

6.3.3.2.1 蒸发

蒸发将使溢油的量减少，同时改变溢油的密度和黏性等物理性质。依据 Mackay 等的参数化公式，油团中某一组分的溢油蒸发率可由下式表示：

$$N_i^e = k_{ei} \cdot P_i^{SAT}/RT \cdot \frac{M_i}{\rho_i} \cdot X_i \tag{6-111}$$

式中，N_i^e 为某一油组分的蒸发率［m³/(m² · s)］；k_{ei} 为质量输移系数（m/s）；P_i^{SAT} 为某一油组分的蒸气压；R 为气体常数；T 为温度（K）；M_i 为某一油组分的相对分子质量；ρ 为油组分的密度；X 为物质的量分数；i 为油膜某一组分。

Mackay 等人提出 k_{ei} 可按照下式进行估算：

$$k_{ei} = k \cdot A_{oil}^{0.045} \cdot Sc_i^{-2/3} \cdot U_w^{0.78} \tag{6-112}$$

式中，k 为待定常数；A_{oil} 为油膜面积（m²），Sc_i 为组分 i 的蒸气施密特数；U_w 为风速（m/s）。

6.3.3.2.2 乳化作用

乳化过程指小水滴进入油的过程，它使得油变成了非常黏的混合物。油水乳化液的形成是导致海面上的油趋于稳定的重要过程之一。溢油的乳化过程受油的类型和环境条件的影响，如风速、波浪、油的厚度、环境温度、油风化程度等。

假定水进入油的乳化过程是一个水油相互作用的平衡过程，含水率随时间的变化情况可表示为

$$\frac{dy_w}{dt} = R_1 - R_2 \tag{6-113}$$

式中，R_1 为吸水率，随着温度和风速的增大而增大，因此，

$$R_1 = K_1 \frac{(1 + U_w)^2}{\mu_{oil}} (y_w^{max} - y_w) \tag{6-114}$$

式中，y_w^{max} 为最大含水率；y_w 为实际含水率；μ_{oil} 为油的黏性；K_1 为待定系数，通常取 $K_1=5.0\times10^{-7}$ kg/m³。

R_2 为水的释出速率，随着油中沥青质、蜡和表面活性剂含量增大以及油黏性增大而减小，可由下式计算：

$$R_2=K_2\frac{1}{AS\cdot WAX\cdot\mu_{oil}}\cdot y_w \qquad (6-115)$$

式中，AS 为油中沥青含量（质量比），WAX 为油中石蜡含量（质量比）；K_2 为待定系数，可取 $K_2=1.2\times10^{-5}$ kg/s。

6.3.3.2.3 溶解过程

假定烃类的实际浓度与其溶解度相比可以忽略，溶解率可表示为

$$\frac{dV_{DSi}}{dt}=K_{Si}\cdot C_i^{sat}\cdot X_{moli}\frac{M_i}{\rho_i}A_{oil} \qquad (6-116)$$

式中，C_i^{sat} 为第 i 个组分的溶解度（mg/kg）；X_{moli} 为第 i 个组分的摩尔分数；M_i 为第 i 个组分的摩尔质量（kg/mol）；ρ 为第 i 个组分的密度（kg/m³）；A_{oil} 为油膜面积（m²）。

溶解过程的传质系数 K_{Si} 由下式计算：

$$K_{Si}=2.36\cdot10^{-6}e_i \quad e_i=\begin{cases}1.4,\text{适用于烷烃类}\\2.2,\text{适用于芳香族}\\1.8,\text{适用于油粒子}\end{cases} \qquad (6-117)$$

6.3.3.2.4 热传递

油品的蒸汽压和黏性与温度密切相关，而且据监测，油膜的温度可以比周围水体和空气高一些。因此，构建模型来计算油膜的温度变化是必要的。

油膜的热量平衡主要包括以下几个方面：① 油与大气之间的热量交换；② 发出和接收的辐射（油膜与大气、油膜与水）；③ 太阳辐射；④ 蒸发热损失；⑤ 油与水之间的热量交换。

6.3.3.2.4.1 大气与油膜之间的热量交换

油膜与大气之间的热量交换 $H_T^{oil\text{-}air}$ 可表示为：

$$H_T^{oil\text{-}air}=A_{oil}k_H^{oil\text{-}air}(T_{air}-T_{oil}) \qquad (6-118)$$

$$k_H^{oil\text{-}air}=k_m\rho_a C_{pa}\left(\frac{Sc}{Pr}\right)_{air}^{0.67} \qquad (6-119)$$

式中：Sc 为施密特数；T_{air} 和 T_{oil} 分别为大气和油膜的温度（K）；ρ_a 为大气密度（kg/m³），C_{pa} 为大气比热容 [J/(kg·℃)]；Pr 为空气的普朗特数。

$$Pr = \frac{C_{pa}\rho_a}{0.024\,1(0.180\,55+0.003\,T_{air})} \tag{6-120}$$

$$C_{pa} = 998.73 + 0.133\,T_{air} - \frac{119.3 \times 10^5}{T_{air}^2} \tag{6-121}$$

在不考虑蒸发的情况下：

$$K_H^{oil\text{-}air} = 5.7 + 3.8U_w \tag{6-122}$$

6.3.3.2.4.2　油与水之间的热量传递

油膜与水之间的热量传递关系可表示为

$$H_T^{oil\text{-}water} = A_{oil}k_H^{oil\text{-}water}(T_{water} - T_{oil}) \tag{6-123}$$

热量传递系数：

$$k_H^{oil\text{-}water} = 0.332 + \rho_w \cdot C_{pw} \cdot Re^{-0.5} \cdot Pr_w^{-2/3} \tag{6-124}$$

水体的比热容：

$$C_{pw} = (4.368\,4 - 0.000\,61\,T_w) \times 10^3 \tag{6-125}$$

水体普朗特数：

$$Pr_w = C_{pw}v_w\rho_w \left[\frac{1}{0.330 + 0.000\,848(T_w - 273.15)} \right] \tag{6-126}$$

水、油之间传质系数的特征雷诺数：

$$Re = v_{rel}\sqrt{4A_{oil}/\pi}/\eta_w \tag{6-127}$$

式中，v_{rel} 是油膜的动力黏滞系数。

6.3.3.2.4.3　太阳辐射

油膜接收的太阳辐射量依赖于一系列的参数，其中最重要的是溢油的位置、时间（季节和一天的某个时段）、云量，以及大气中水、颗粒物和臭氧等的含量。

假定一天开始于 $t^{sunrise}$（太阳升起的时间），结束于 t^{sunset}（日落的时间），无论是 $t^{sunrise}$ 或 t^{sunset} 均按照午夜（00：00：00）开始的秒数计算。

日落时间 t^{sunset} 能通过日出时间 $t^{sunrise}$ 增加一个日长 T_d 来计算：

$$t^{sunset} = t^{sunrise} + T_d = t^{sunrise} + \arccos(\tan\phi\tan\zeta) \tag{6-128}$$

式中，ϕ 为纬度，北半球为正值；ζ 为正午时分太阳相对于赤道的角度。

$$\zeta = 23.45 \cdot \sin\left(360 \cdot \frac{284+n}{365}\right) \tag{6-129}$$

式中，n 为某天在一年里的排序。

一天内太阳辐射量的变化情况可根据以下公式估算：

$$H(t) = \begin{cases} K_t \cdot H_0^{\max} \cdot \sin\left(\pi \dfrac{t - t^{\text{sunrise}}}{t^{\text{sunset}} - t^{\text{sunrise}}}\right), & t^{\text{sunrise}} < t < t^{\text{sunset}} \\ 0, \text{其他时间} \end{cases} \quad (6\text{-}130)$$

式中，$H_0^{\max}$ 为正午的地外辐射，计算公式如下：

$$H_0^{\max} = \frac{12 \cdot K_t}{t^{\text{sunset}} - t^{\text{sunrise}}} \cdot I_{\text{sc}} \cdot \left[1 + 0.033\cos\left(\frac{360n}{365}\right)\right] \cdot$$

$$(\cos\phi \cdot \cos\zeta \cdot \sin\omega_s + \omega_s \cdot \sin\phi \cdot \sin\zeta) \quad (6\text{-}131)$$

式中，I_{sc} 为常数，即 1.353 W/m；ω_s 为太阳高度角，正午为 0，每小时等于 15°，且早上为正值；$K_t \approx 0.75$。

6.3.3.2.4.4　发射和接收的辐射

由于长波辐射，油膜将有一部分的热量损失或获得。因长波辐射得到或者损失的辐射量可利用斯特藩—玻尔兹曼定律进行量化。

油膜接收的净热量（W/m²）可通过下式计算：

$$H_{\text{total}}^{\text{rad}} = \sigma(l_{\text{air}} \cdot T_{\text{air}}^4 + l_{\text{water}} \cdot T_{\text{water}}^4 - 2 \cdot l_{\text{oil}} \cdot T_{\text{oil}}^4) \quad (6\text{-}132)$$

式中，σ 为玻尔兹曼常数，即 5.72×10^8 W/(m² · K)；l_{air}、l_{water} 和 l_{oil} 分别为空气、水和油的辐射率；T_{air}、T_{water} 和 T_{oil} 分别为空气、水和油的温度。

6.3.3.2.4.5　蒸发引起的热量损失

蒸发过程引起的热量损失可表示为

$$H^{\text{vapor}} = \sum_i^n N_i \cdot \Delta H_{vi} \quad (6\text{-}133)$$

式中，ΔH_{vi} 为某油组分 i 的蒸发热（J/mol）。

6.3.3.2.4.6　小结

综上所述，油膜的动态热量平衡可表示为

$$\frac{\mathrm{d}T_{\text{oil}}}{\mathrm{d}t} = \frac{1}{\zeta C_p h}\left[(1-a) \cdot H + (l_{\text{air}} T_{\text{air}}^4 + l_{\text{water}} T_{\text{water}}^4 - 2 \cdot l_{\text{oil}} T_{\text{oil}}^4)\right]$$

$$+ h_{\text{ow}}(T_{\text{water}} - T_{\text{oil}}) + h_{\text{oa}}(T_{\text{air}} - T_{\text{oil}}) - \sum N_i \Delta H_{vi}$$

$$+ \left(\frac{\mathrm{d}V_{\text{water}}}{\mathrm{d}t} \cdot \zeta_{\text{w}} \cdot C_{\text{pw}} + \frac{\mathrm{d}V_{\text{oil}}}{\mathrm{d}t} \cdot \zeta_{\text{oil}} \cdot C_{\text{poil}}\right) \cdot (T_{\text{water}} - T_{\text{oil}}) \cdot A_{\text{oil}}$$

式中，$\dfrac{\mathrm{d}V_{\text{water}}}{\mathrm{d}t}$ 为水吸收率；$\dfrac{\mathrm{d}V_{\text{oil}}}{\mathrm{d}t}$ 为上涌分散的油滴总量；C_{po} 和 C_{pw} 分别是油和水

的热容[J/(kg·℃)]。

6.3.4　边界条件

自由水面:油粒子停留在自由水面上。

陆地边界:油粒子碰到固体边界,粒子通过"完美反射"算法回到水体中,即入射角等于反射角,并且碰撞过程中没有能量损失(图6-3)。

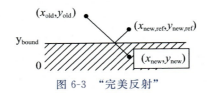

图 6-3　"完美反射"

6.3.5　模型求解

流场中水流信息(水深和流速 H、U、V)按照给定的时间频率保存在规则的网格节点上;而在拉格朗日离散粒子方法中,粒子在大多数情况下处于非网格节点上,通过双线性插值得到各油粒子所在位置上的流场信息。时间上,采用线性插值的方法得到相应时间点的流场信息。

拉格朗日溢油模型仅仅跟踪水体表面的油粒子,利用插值后的水流速度和风速计算迁移、扩展和风化等过程,并计算出每个网格上的粒子量,然后用粒子的总体积除以所在网格的面积,即可得到油膜厚度。

6.4　北部湾水动力学、水质、溢油跟踪及生态动力学模型构建

6.4.1　北部湾潮流模拟计算

6.4.1.1　模拟范围

北部湾模拟海域的范围为从乌石港(109°48.6′E、20°32′N)向西至边界 C 点(108°E、20°32′N)再转向北至岛古茶处(108°E、21°28′N)以内的海域。模拟海域面积约 $1.9×10^4$ km²。

6.4.1.2　模拟涉及的主要数据与资料

6.4.1.2.1　水深、地形资料

北部湾模拟海域的范围见图6-4。

北部湾海域的地形水深从中国人民解放军海军司令部航海保证部编制的12张最新版海图资料中数值化后读取,数值化后的地形分布见图6-5。

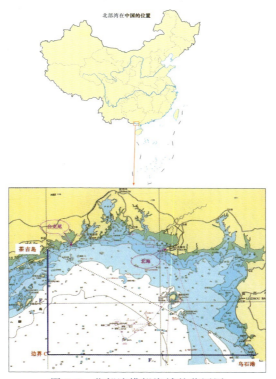

图 6-4　北部湾模拟海域的范围图

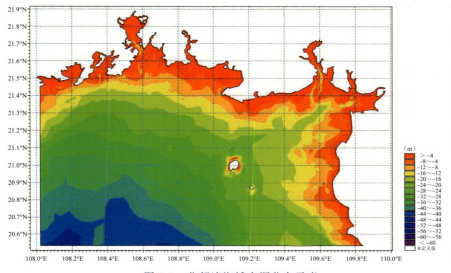

图 6-5　北部湾海域水深分布示意

6.4.1.2.2 计算网格划分和计算步长

计算采用无结构的三角形网格,计算网格划分示意见图 6-6。网格共16 955个,网格节点9 652个,网格边长为100～3 000 m,其中,近岸海域特别是纳污海域局部加密至 100 m,网格边长不超过 100 m。计算时间变步长为0.01～30 s。垂向分为 3 层,层次按照 0.0 H～0.3 H、0.3 H～0.7 H、0.7 H～1.0 H进行划分。

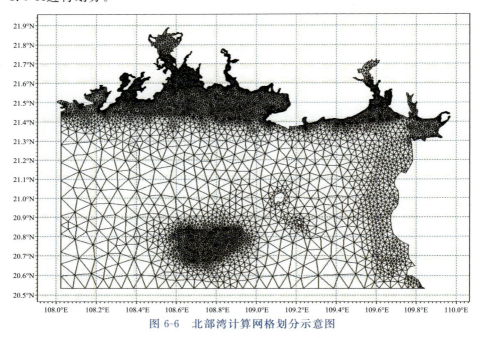

图 6-6　北部湾计算网格划分示意图

6.4.1.2.3 开边界水动力数据

广西近岸海域潮波振动主要受北部湾传入的潮波所控制。广西近岸海域潮汐性质比较复杂,大部分海域潮汐为全日潮潮型,潮流属于不正规全日潮流性质。因此所建立的潮流模型考虑全日分潮和半日分潮,开边界水位输入条件采用岛古茶、边界 C 点、乌石港的调和常数计算获取。

广西近岸海域考虑计算范围内 12 条河流的汇入,入流流量取多年平均径流量(表 6-1),并根据收集到1978—2007 年各河流下游水文站的逐月平均流量资料进行月内分配。对于无水文站的河流,则参考邻近相似河流的月内分配系数进行月内分配。

表 6-1　12 条入海河流多年平均径流量

单位：$\times 10^8$ m³

河流	白沙河	铁山河	南流江	大风江	钦江	茅岭江	防城江	三合口江	七星江	南康江	鲎港江	西门江
径流量	5.12	0.74	73.48	18.60	20.3	15.45	10.3	0.16	0.47	1.44	1.18	0.43

6.4.1.3　模型参数选取

6.4.1.3.1　求解格式

水动力方程模拟计算、时间积分和空间离散均使用低阶（一阶精度）格式，时间步长范围为 0.01～30 s，CFL 数取 0.8。

6.4.1.3.2　干湿边界

模拟区域存在干湿交替的浅滩区域，为了更好地模拟近岸区域的水流情况并避免模型计算中出现计算失稳问题，采用干湿动边界。其取值为干水深 0.01 m，淹没深度 0.05 m，湿水深 0.1 m。

6.4.1.3.3　密度

假定水体密度的变化仅取决于盐度和温度的变化，选用正压模式，温度和盐度作为常数处理。

6.4.1.3.4　底摩擦力和科氏力

底摩擦力通过二次拖曳系数设定，取定值 0.03 m；科氏力根据其位置全场计算。

6.4.1.3.5　风、冰盖、引潮势、降水-蒸发、波浪辐射应力

不考虑风、冰盖、引潮势、降水-蒸发、波浪辐射应力的影响。

6.4.1.3.6　涡黏系数

水平方向上利用亚格子尺度模型模拟紊流，涡黏系数采用 Smagorinsky 公式计算，C_s 取值为 0.28；垂向上采用 k-ε 模拟紊流。与 TKE 的耗散率相关的 $c_{1\varepsilon}$、$c_{2\varepsilon}$、$c_{3\varepsilon}$ 以及在浮力产生项中的普朗特常数（σ_t）待定。C_μ 是涡黏系数的表达式中的一个经验常数，具体参数值见表 6-2。

表 6-2　k-ε 模型的默认经验常数

常数	$c_{1\varepsilon}$	$c_{2\varepsilon}$	$c_{2\varepsilon}$	σ_t	C_μ
取值	1.44	1.92	0	0.9	0.09

模型计算时间积分和空间离散均使用低阶(一阶精度)的方法。扩散系数通过水动力方程中的涡黏系数除以比例因子得出,其所需的水平和垂向湍流动能都取 $1.0\ m^2/s^2$,TKE 扩散率 k 都取 1.3。

6.4.1.3.7 排污流量

主要排污区的流量数据按照现状值和预测值取值,河流的流量数据取多年统计平均值。河流、直接排口在各个层的流量按照厚度比例均匀设置;深海排放点的流量全部简化设置在 $0.0\ H \sim 0.3\ H$ 层。

6.4.1.4 模拟验证

根据所掌握的数据资料对环北部湾局部海域的水位和海流计算结果进行补充验证。各补充潮位与潮流检验点见图 6-7。

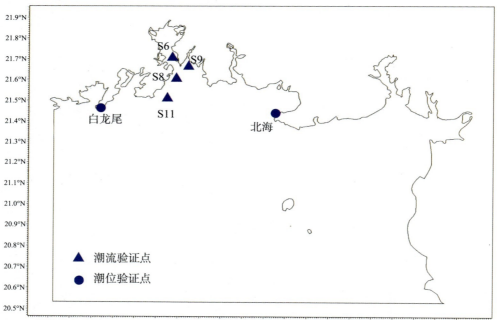

图 6-7　潮流潮位验证点分布图

2005 年 1 月 21 日—2 月 28 日白龙尾、北海站实测与模拟潮位对比情况见图 6-8。从潮位拟合的效果来看,计算与实测的绝对平均误差小于 0.18 m,总体计算值与实测值的拟合程度较好。

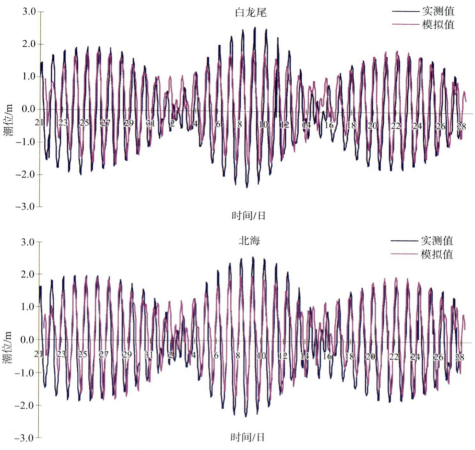

图 6-8 2005 年 1 月 21 日—2 月 28 日实测潮位与计算潮位对比图

2005 年 2 月 21—22 日钦州湾海域 1 号、2 号验证点的实测与模拟海流的对比见图 6-9，2005 年 2 月 24—25 日钦州湾 3 号、4 号验证点的实测与模拟海流的对比见图 6-10。验证结果表明，模拟潮位、流速与实测潮位、流速间基本吻合，流速变化趋势、涨、落潮的流向以及转流过程均保持一致性，基本能够反映出钦州湾及其附近海域的水流状况，说明潮流场的模拟结果可以作为污染物输移、扩散模拟的动力条件。

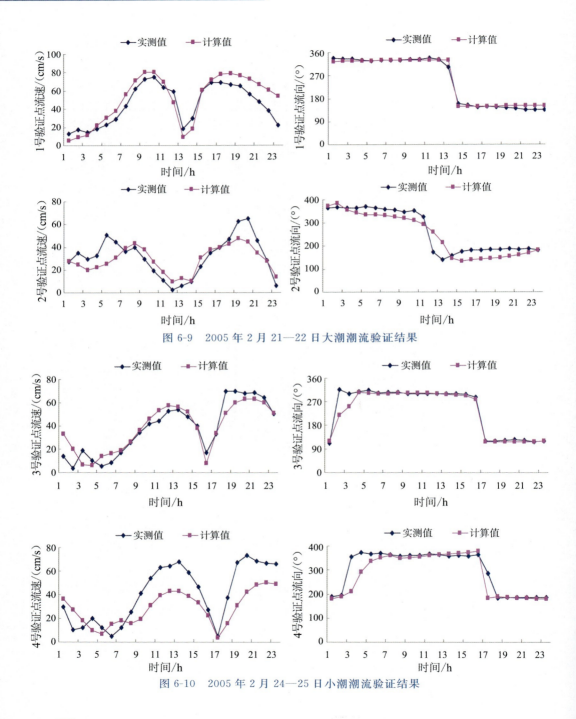

图 6-9　2005 年 2 月 21—22 日大潮潮流验证结果

图 6-10　2005 年 2 月 24—25 日小潮潮流验证结果

图 6-11、图 6-12 为整个计算范围涨急、落急时的表层模拟流场图。由图可见,广西近岸海域的潮流是以往复流或接近往复流为主,且主流向多与岸线、水道或沟槽区走向一致。在近岸、水道和沟槽区,往复流最为明显。冬季在东及东北季风的驱动下,整个北部湾海区大体上呈现出一个较大范围的逆时针向风生环流。涨潮时,计算海域三层流向总体为 NE 向,受地形影响,局部流向与深槽走向一致;涠洲岛以东的流速大于涠洲岛以西,涠洲岛以东最大涨潮流速出现在深槽处,但底层流速的空间差异很小。落潮时,计算海域流向总体为 SW 向,局部流向与深槽走向一致,流速大于涨急时;涠洲岛以东的流场强于涠洲岛以西,涠洲岛以东最大落潮流速出现在深槽处,中层和底层的流速空间差异较小。具体就各海区而言,潮流的强流区多分布在各湾的水道或沟槽区。如铁山港的石头埠附近和廉州湾的湾口南端冠头岭附近的水域,落潮流速可达 30～40 cm/s;钦州湾的外湾区 3 条水道上,流速可达 60～70 cm/s,其中龙门水道的狭长强流区流速可达 80～90 cm/s;防城港的深潮区,落潮流速一般可达 50～60 cm/s。其他区域潮流的流速较小。

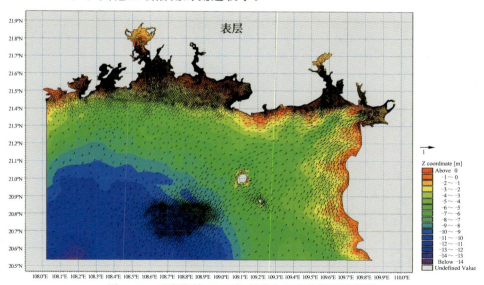

图 6-11　近岸海域 2005 年冬季大潮涨急模拟流场图

149

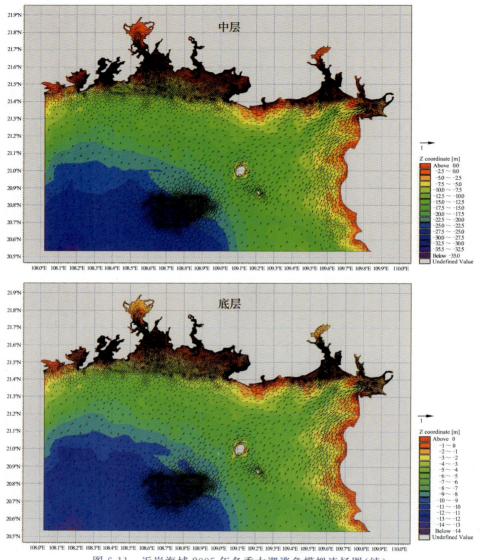

图 6-11 近岸海域 2005 年冬季大潮涨急模拟流场图(续)

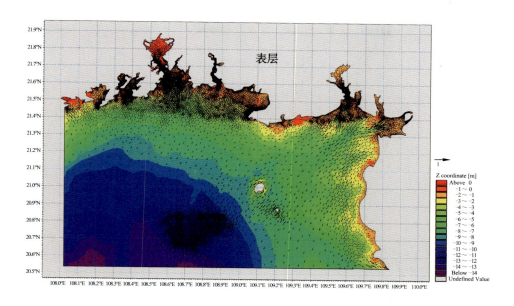

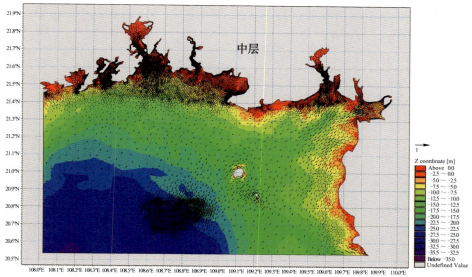

图 6-12　近岸海域 2005 年冬季大潮落急模拟流场图

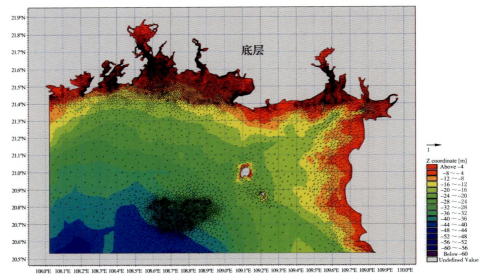

图 6-12　近岸海域 2005 年冬季大潮落急模拟流场图（续）

6.4.2　北部湾水质模拟计算

6.4.2.1　浓度边界条件

开边界：流出计算域时，取边界相邻网格上的浓度值；流入时，外海开边界取其背景浓度值。2007 年在涠洲岛东面进行了丰、平、枯 3 期监测，以了解其本底浓度。COD、无机氮边界浓度取 2007 年 3 期监测平均值中涠洲岛附近监测点的最大值，具体的取值见表 6-3。南流江、大风江、钦江等前述潮流场计算时所考虑的 12 条入海河流，则根据 2007 年丰、平、枯水期的监测资料情况给出统计的入海污染物负荷量。实际计算中，河流入海污染物负荷的统计断面通常并不直接位于模型计算的河口处，而位于其上游的某处，因此，入海河流污染源在考虑其损失以后按等效污染源给出。

表 6-3　外海开边界污染物背景浓度值

污染物	COD	无机氮
背景浓度/(mg/L)	0.64	0.12

闭边界：计算海域以外的网格浓度为 0。

6.4.2.2 入海污染源负荷

根据掌握的资料,2007年广西近岸海域各污染源(包括排污口和入海河流)的污染物负荷量见表6-4、表6-5。因来自广西近岸海域东面的广东湛江沿岸的污染源与本区容量计算(排污点)所关注的海区距离较远,且已经反映在背景浓度中,故为简化分析,对于雷州半岛西侧排入北部湾的污染源除考虑主要河流的污染贡献外,其他的贡献不予考虑。

表6-4　广西近岸主要入海河流的污染物外排负荷

编号	排污口名称	流量/(m³/s)	COD_Mn/(t/a)	氨氮/(t/a)
1	南流江	233.01	15 381.72	3 315.42
2	大风江	58.98	3 297.72	573.81
3	白沙河	16.24	1 972.48	370.25
4	南康江	4.57	796.67	144.34
5	西门江	1.36	125.45	32.88
6	茅岭江	48.99	2 781.38	559.42
7	钦江	64.37	5 762.34	4 148.44
8	防城江	32.66	1 758.02	421.05

表6-5　广西近岸主要直接排海水污染源外排负荷

编号	排污口名称	污水量(×10⁴)/(m³/a)	COD_Cr/(t/a)	氨氮/(t/a)
1	翁山综合排放口	280.76	1 031.56	44.69
2	茶亭路(旧纸厂)	334.89	810.05	169.98
3	广东路	8.50	25.42	4.47
4	游泳场(广东路东)	5.08	14.23	2.52
5	龙皇庙	54.33	133.65	28.96
6	三皇庙	14.62	48.24	6.51
7	外沙桥	206.01	543.87	112.59
8	海城水产公司	138.93	516.48	45.23
9	水产码头	72.21	307.03	35.82
10	地角镇	4.15	293.36	10.50

编号	排污口名称	污水量(×10⁴)/(m³/a)	COD$_{Cr}$/(t/a)	氨氮/(t/a)
11	地角码头	153.19	969.23	79.02
12	地角综合排放口	1 055.47	5 010.63	527.40
13	地角桥	38.99	298.73	17.09
14	侨港渔政	239.79	1 791.96	105.25
15	四川南路	195.13	248.50	57.67
16	侨港码头 1	12.57	390.38	5.43
17	侨港海底光缆	22.81	80.87	8.71
18	侨港码头 2	11.49	78.73	1.51
19	银滩码头	34.73	23.21	3.03
20	七星江	6 372.18	5 433.08	537.86
21	红坎污水处理厂	572.73	3 179.24	252.86
22	合浦船厂综合排污口	2 000.92	13 385.67	327.40
23	宏源纸浆厂	130.67	287.11	11.84
24	防城港立交桥（海关新码头）	60.13	76.89	16.27
25	防城港市北码头	86.99	145.50	30.89
26	钦州港旅游码头	3 436.99	1 978.43	1 153.53
27	钦州港天盛煤码头	120.27	851.89	37.76

6.4.2.3 污染物降解系数

参照模型推荐值和广西海域以往的研究成果,污染物衰减参数选取如下：COD 为 0.1 d⁻¹,无机氮为 0.07 d⁻¹。

6.4.2.4 现状污染物浓度模拟与分析

图 6-13～图 6-18 是广西近岸海域 COD、无机氮模拟计算的潮平均浓度分布图和包络线图。所谓包络线图是指在一个潮周日内,将计算域内每个格点的最大浓度值提取出来,绘制而成的等值线图。如果说潮平均浓度分布图揭示了

广西近岸海域在平均状态下的水质状况的话,那么包络线图则反映了广西近岸海域在水质最不利情况下的浓度分布,换言之,即显示出各污染源对海区中任意位置所造成最大影响的叠加结果。

按图 6-13～图 6-18 比较 2007 年水质调查分析中所统计的广西近岸海域各海区污染物的监测值范围,可以看出,模拟的各海区污染物浓度值随涨、落潮的波动范围基本上符合实测的结果。铁山河湾口的水质受白沙河退潮的影响十分明显,廉州湾和钦州湾内湾(茅尾海)是现状水质污染较严重的区域。各海区的入海河流水质状况成为影响相应海区水质现状的主要因素。例如,廉州湾和钦州湾内湾的无机氮污染,就与南流江、钦江、茅岭江的入海污染物负荷关系密切。当然,廉州湾、钦州湾内湾自身水体较浅、水体交换能力差也加剧了其水质恶化的程度。总体而言,模拟结果基本反映了广西近岸海域的水质现状。

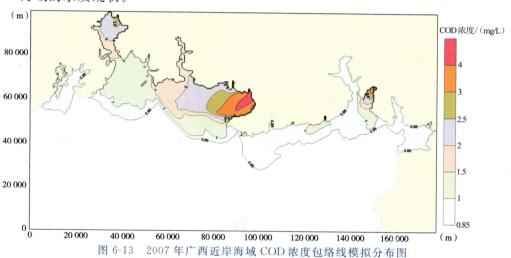

图 6-13　2007 年广西近岸海域 COD 浓度包络线模拟分布图

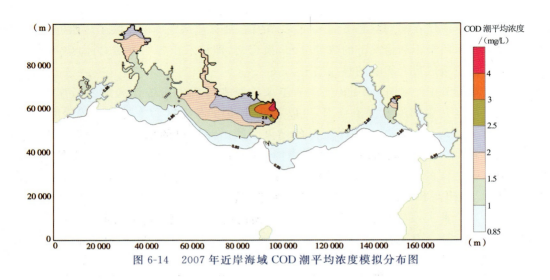

图 6-14　2007 年近岸海域 COD 潮平均浓度模拟分布图

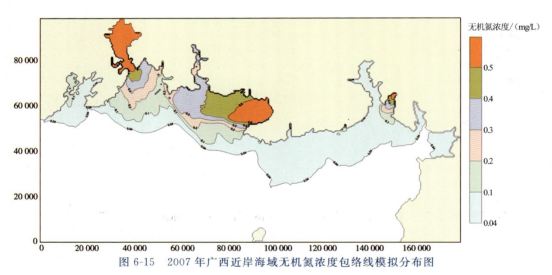

图 6-15　2007 年广西近岸海域无机氮浓度包络线模拟分布图

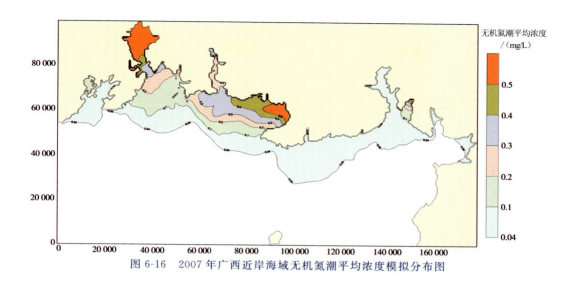

图 6-16 2007 年广西近岸海域无机氮潮平均浓度模拟分布图

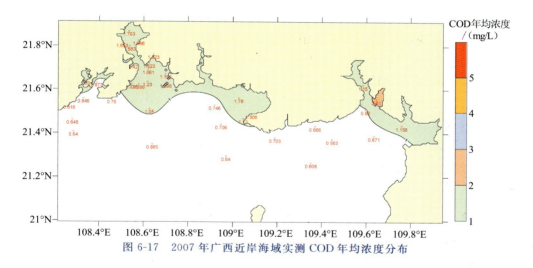

图 6-17 2007 年广西近岸海域实测 COD 年均浓度分布

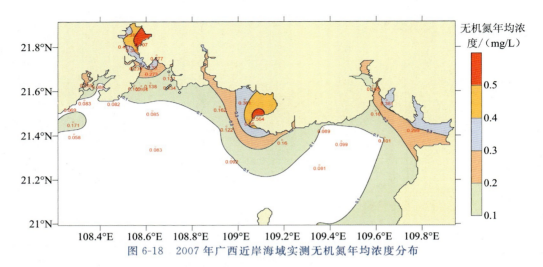

图 6-18　2007 年广西近岸海域实测无机氮年均浓度分布

6.4.3　北部湾溢油跟踪模拟

6.4.3.1　溢油模拟情景设计

根据溢油事故概况,设置数值模拟的具体参数:

溢油时间:2013 年 6 月 1 日 00:00～4:30;

溢油地点:21°31′21.75″N,109°35′27.67″E,铁山港航道附近;

溢油种类:重质燃料油;

溢油量:100 t;

气象条件:采用事故发生所在地附近的实时观测风速参数。

溢油模拟的其他主要参数的取值见表 6-6。

表 6-6　溢油跟踪模拟主要参数取值

系数	过程	取值	系数	过程	取值
油的最大含水率	乳化	0.75	油辐射率	热量迁移	0.82
乳化率	乳化	1×10^{-6}	水辐射率	热量迁移	0.95
释放系数	乳化	1.2×10^{-5}	大气辐射率	热量迁移	0.82
传质系数	溶解	2.2×10^{-7}	漫射系数	热量迁移	0.14
蒸发系数	蒸发	0.029			

6.4.3.2　溢油模拟结果分析

基于上述经过实测数据验证计算出来的广西北部湾海域潮流场,以及输入的模拟参数,运行溢油粒子追踪数值模型,对设计的溢油事故进行模拟。模拟溢油轨迹如图 6-19 所示。

从溢油模拟结果看,所构建的广西北部湾海域溢油粒子追踪数值模型可作为溢油应急反应系统的重要技术组成。在实时的潮流场、风场与溢油事故主要参数输入下,应用该模型可真实地模拟出浮油在风、流作用下的输移轨迹和扩散范围,为溢油事故影响评估与应急对策提供决策支持。

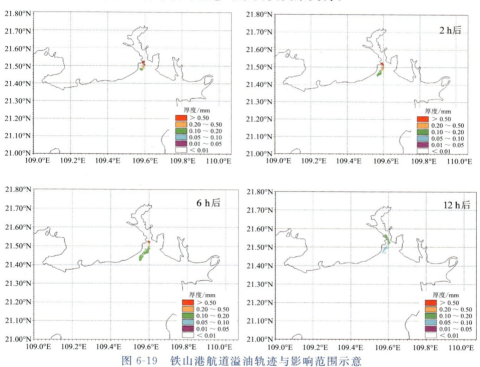

图 6-19　铁山港航道溢油轨迹与影响范围示意

6.4.4　北部湾生态动力学模拟计算

氮和磷通常是基本的营养物质,它们控制着水中浮游藻类和大型藻类的生长,也是水体富营养化的根源,若只考虑污染物降解的输移扩散模式则较难反映出海域营养盐的生物过程。为更好地描述广西近岸海域氮、磷营养盐的分布状况,需要建立包括营养盐、浮游藻类、溶解氧和生物碎屑在内的三维生态动力学数值模型。

6.4.4.1 生态动力学模型状态变量

根据 MIKE ECO Lab EU 模块，模拟的对象包括浮游藻类、浮游动物、有机物（碎屑）、有机和无机营养物、DO 等，选择的状态变量包括：

——浮游藻类碳、浮游藻类氮、浮游藻类磷；

——叶绿素 a；

——碎屑碳、碎屑氮、碎屑磷；

——无机碳、无机氮、无机磷；

——DO。

6.4.4.2 模型关键参数率定

模型中需要设定的系数或常数共 70 多个。浮游生物种类不同，其生物特性也不相同。生态模型生物参数的选取非常困难，参数选取的合适与否直接关系到数值模拟的成败。通过从所研究海域进行实地观测并结合相应的培育实验，虽然可为获得相关的模型生物参数提供依据，但费用昂贵，故目前国内这方面的研究工作相对较少，公开发表的相关数据非常匮乏。

在本生态模拟研究中，主要参数主要来自国外公开发表的类似海域的相关研究成果，并参考在大亚湾的观测和实验研究结果在合理范围内进行适当的修正。根据模型预设默认值先确定一组初始参数值，利用 2007 年 7 月水质观测资料对参数进行校准，参数调整后水质监测值与模拟值比较见图 6-20。由比较结果可看出，模拟的 DO、叶绿素 a、无机氮浓度与观测值相关性较好，说明模型较好地模拟了这些水质变量的水平分布趋势；无机磷模拟值与观测值的相关性较差，但是，模拟结果与海域浓度分布趋势基本一致。

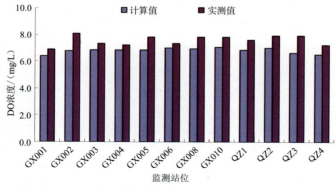

图 6-20　2007 年 7 月各站位污染物观测值与计算值对比图

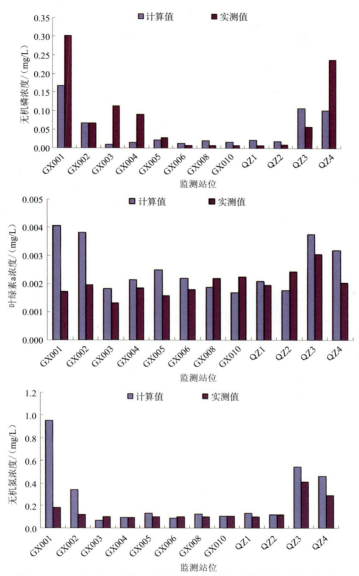

图 6-20　2007 年 7 月各站位污染物观测值与计算值对比图(续)

对模拟结果进行统计分析,得到表层水体叶绿素 a 年最大值的等值线图
(图 6-21),叶绿素浓度空间分布的基本特点是近岸海域高,离岸海域低。

从结果图可以看出,现状设计水文条件和营养盐输入负荷下,广西近岸海域表层水体的叶绿素 a 浓度处于低值区（＜2 mg/m³），廉州湾、茅尾海海域的叶绿素 a 浓度相对较高。该结果与原国家海洋局 2001—2008 年赤潮发生次数统计结果基本一致：广西近岸海域赤潮发生的频率较低，赤潮发生概率相对较高的海域为廉州湾和茅尾海附近海域。

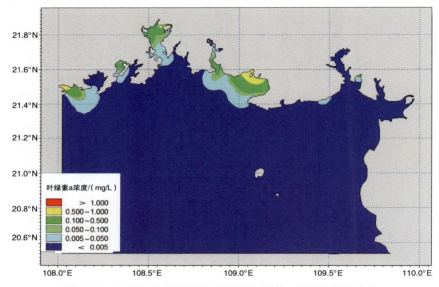

图 6-21　2007 年 7 月广西近岸海域叶绿素 a 浓度包络线分布

小结

作为构建水域数字化实时管理系统的第二项准备工作,本篇在上篇对示范海域化学场和生态场的现场观测结果及物理过程与关键化学、生物过程的耦合作用分析结论和模型结构构建指引的基础上,构建了不同维度(二维和三维)并存、多种计算方法和模式(结构化网格与非结构化网格、欧拉模式与拉格朗日模式)结合、多过程(物理输移扩散过程、氧平衡化学过程、微型生物食物网生态循环过程)紧密耦合的水动力学、水质和生态动力学模型。数学模型主要构建方法和特点总结如下。

A. 二维理化与生态动力学数学模型

水深较浅的近岸海湾等水体的流速在垂直方向的大小和变化都远小于水平方向的大小和变化,其流动特征可用沿垂向积分后的物理量表示,二维模型可在准确反映实际情况且满足计算精度要求的情况下,有效简化数值模拟和节约计算工作量。因此,本篇以大亚湾示范海域为对象,以研究大亚湾水体富营养化问题和生态效应为目标,展示了宽浅海域/海湾水动力-水质-生态动力学二维数学模型的构架。其中,水动力模型以连续方程和动量方程为主要控制方程,考虑 8 参数外海潮波和河流水量输入驱动;水质模型以物质输移方程为控制方程,考虑了内、外源的污染物输入;生态动力学模型将微型生物食物网生态系统分为浮游藻类、浮游动物、悬浮碎屑、营养盐 4 个功能团(包括多种形态的氮营养盐和磷酸盐、浮游藻类、浮游动物、悬浮碎屑等状态变量),考虑了营养盐的输入、浮游藻类和碎屑的沉降、浮游藻类的代谢和死亡、碎屑的分解和再矿化以及高级生物的摄食等过程。模型计算采用结构化网格离散、交替方向隐格式法求解方程组;针对河口区域由于涨落潮过程中在潮间带上的水陆边界不断移动的问题,采用干湿判断方法处理潮间带水陆动边界。

模型验证结果表明,上述自主研发的宽浅海域/海湾水动力-水质-生态动力学二维数学模型可较好地模拟实际水环境和水生态问题。其中,水动力与水质模拟结果与实测结果吻合良好，能准确反映出研究示范海域的潮波特性和水质状况（有机污染和营养盐水平）；生态水动力学模型主要指标模拟结果和实测结果在量级上一致，且具有相似的时间变化规律，浮游藻类浓度的季节变化规律也与实测情况一致，浮游动物浓度变化与浮游藻类浓度变化的紧密相关性和时间滞后特性也得到很好的模拟展现。

B. 三维理化与生态动力学数学模型

另以二维模型为参考，采用目前应用较广泛的 DHI MIKE 河口、海湾水环境及水生态二次开发软件，基于 σ 坐标系统和非结构化网格系统，构建了广西北部湾水动力-水质-生态动力学三维模型。其中，水动力模型以连续方程和动量方程为主要控制方程，考虑 8 参数外海潮波和河流水量输入驱动；水质模型以物质输移方程为控制方程，考虑了内、外源的污染物输入和氧平衡过程；生态动力学模型采用 ECO Lab 二次开发工具进行，所构建的 ECO Lab EU 生态动力学模块能详细描述水中 DO 状态、营养盐的循环过程、浮游藻类和浮游动物的生长、根生植物以及大型藻类的生长和分布。

模型在解域上离散时运用了三角网格有限体积法，计算采用柯西-黎曼方法。利用广西北部湾海域建成的水质自动监测站网络的数据资料与以往常规监测资料对模型进行率定，基本实现了模型的本地化定制，可模拟广西北部湾海域富营养化过程和营养盐的时空变化规律。特别是还将该三维模型与专门研发的数据同化技术相结合，可实现实时监测数据与模拟结果的比较和消异，这将在下篇介绍。

C. 模型的紧密耦合技术

通常，水域的物理过程和生化过程关联效应十分显著，因此，在数学模拟中将水动力-水质-生态动力学数学模型进行紧密耦合尤其重要。本篇介绍的模拟方法通过将理化、生态因子均布置在统一的离散网格内，在每个时间步内联合求解描述物理过程、生化过程的控制方程，来实现水动力-水质-生态动力学数学模型的紧密耦合。

D. 溢油跟踪模拟预警技术

对各级沿海环境管理部门而言，溢油的跟踪预警技术非常有用，因此，本篇介绍了基于拉格朗日模式的粒子追踪方法建立油膜扩散模型。该模式比欧拉模式更为贴近油膜的实际物理输移特征。模拟以所关心的海域野外现场气象实时动态数据作为驱动，并与水动力模型耦合，实现溢油跟踪预警，为溢油事故应急处置提供决策支持。

　　这里应该指出，当前业界各种数学模型繁多，选择合适的模型作为水域环境与生态数字化实时管理系统的基础模型十分关键，应结合系统的开发目标和功能要求以及所针对的水域的环境特点综合考虑。毋庸置疑的是，加强相关的基础研究，努力开发具有自主知识产权的模型应该得到足够的重视和鼓励。

第三篇

系统开发与合成

　　在核心模型与基础数据等准备工作完成后,接着就是系统硬件建设和软硬件连接了。硬件建设首先是野外现场自动监测台站的布设;其次是室内的计算处理与控制中心硬件建设;再次是利用数字通信技术将野外台站与计算处理中心连接起来,保持实时通信,其中协同野外现场实时监测数据与模型模拟结果涉及的数据同化技术是一项关键技术;最后是对模拟的实时全场数据、预测及预警数据等进行可视化后处理和网络提供,并为控制中心开发操作系统。以上就是本篇要介绍的内容。

第7章　海上自动监测站建设及其数据利用

由于两个研究海域中只有广西北部湾海域建设了完整的海上自动监测站网络,本章主要结合北部湾的情况来阐述。

7.1　海上自动监测站建设技术要点

基于广西近岸海域水质自动监测网络建设及深圳市大亚湾杨梅坑海洋生态监测浮标(FBDY-1)站选点建设经验,海上自动监测站建设应遵循如下技术要点。

7.1.1　自动监测站位布设的原则

近岸海域自动监测系统站位应紧扣近岸海域环境管理需求,根据建设的目的来布设。当需要了解近岸海域敏感区域如保护区、增殖区以及排污区等水质变化及其规律以及对赤潮易发区进行赤潮监控时,可考虑在这些区域适当布设自动监测站点,同时还应遵循以下原则:

——代表性:所布设的站点足够代表区域尺度海域水环境质量信息及水质变化趋势,为区域污染控制管理提供一定科学依据。

——科学性:自动监测站点布设科学合理,能够科学反映区域水质情况。

——可行性:自动监测站点布设考虑实施监测的可行性,全面考虑实施自动监测的条件如水深、水文、排污、行政管理等。

7.1.2　自动监测站位的选择

第一,对于有不同层次的近岸海域环境质量监测站位的,依次序选择国家、省、市已设定的近岸海域环境质量监测站位。优先选择国家近岸海域环境质量监测站位。

第二,在3个及以上近岸海域环境质量监测站位中选择1个或多个自动监测站位时,采用均值偏差法等站位优化的方法确定最具有代表性的站位作为自动监测站点。当所选监测站位近3年监测各项污染因子或参数均值等于各站位 3 年总均值时,认为该站点代表区域内水质污染水平。

第三,根据国家和地方确定的重点或敏感区域设置水质自动监测站位,如海水养殖区、保护区等。在近岸海域重点或敏感区选择代表性环境质量监测站位时,采用均值偏差法对现有的监测站位进行优化,使站点具有区域代表性和综合代表性,能从宏观上反映整体的近岸海域重点或敏感区的水环境质量信息,以更好地掌握区域的水环境质量状况及其变化趋势,污染现状及其分布规律、变化趋势。

第四,选择在赤潮多发区或曾发区域内设置自动监测站对赤潮进行监视性监测,在赤潮暴发影响最严重或多次发生赤潮的区域进行重点布置。

7.1.3　自动监测站位位置的基本条件

第一,潮水涨落不影响监测站点正常运行。每日水位的变化不影响监测站体及监测仪器的安全和正常运行,因此需考虑海水退潮时水位和自动监测设备水下深度。低潮时水深不低于 3 m,自动监测设备的锚链长度一般为该站位历史最高潮水深的 3 倍以上。

第二,监测站点运行受局部特殊自然条件和人为活动影响较小,避开航道、急流区、浅滩区、局地性沟渠和深海排污口影响。为避免过往船只碰撞,在选择站位时,要避免布设在航道和船只往来较多的区域。不可避免在航道附近设置自动监测站时,需经海事局批准,且设置专用航标灯及警示标志。急流区以及局地性沟渠可能影响自动监测站的固定,浅滩区深度不够以及深海排污口影响监测数据的代表性,近岸海域自动监测站设置应避开这些区域。

第三,能够保障监测浮标站固定,方便现场维护和收回维护。自动监测站布设站点海底条件能够保证设备固定,对不适于固定自动监测浮标站的站位,应调整位置,保证设备固定的海底基础条件。同时由于需要周期性对标体进行维护,其固定方式在保证稳固的前提下应便于现场维护和收回维护。

第四,站位能够以无线或有线方式向中心控制室发送数据。监测数据传输及仪器诊断主要通过无线信号传输来实现,因此监测站点所在海域通信信号需有足够强度并且稳定。

7.1.4　合理配置自动监测站种类

一般实用的自动监测站有 2 种类型,分别为 B 型自动监测站(EMM700型)和带营养盐监测的 A 型自动监测站(EMM2000 型)。

B 型自动监测站监测的项目为水温、DO、pH、氧化还原电位、电导率、盐度、浊度、叶绿素及蓝绿藻等 9 个参数,设定采样间隔时间一般为 30 min。B 型自动监测站外形见图 7-1。

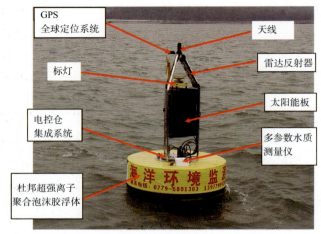

图 7-1　B 型自动监测站外形示意图

　　A 型自动监测站则在 B 型自动监测站的基础上增加监测亚硝酸盐、硝酸盐及磷酸盐等 3 项营养盐指标,营养盐指标采样间隔时间为 4 h。另外,在 A 型或 B 型自动监测站(GX06 和 GX10)上还可安装气象监测仪,可监测风向、风速、气压、气温及湿度 5 个气象参数,气象参数采集的间隔时间为 15 min。A 型自动监测站外形见图 7-2。

图 7-2　A 型自动监测站外形示意图

应根据对不同站点数据需求的不同合理配置选择投放 A 型自动监测站或 B 型自动监测站。比如,有的站位需要重点监测营养盐,就应配置 A 型自动监测站;有些站位需要提供海域代表性气象参数,就应配置气象监测仪。

7.2 海上自动监测站设备及数据获取与传输

7.2.1 广西近岸海域水质自动监测网络仪器

广西近岸海域水质自动监测网络由自动监测监控中心与 16 个海上自动监测站组成。位于广西海洋环境监测中心站的监测监控中心由数字光处理(DLP)大屏幕拼接墙显示系统、"千里眼"无线监控系统、不间断电源系统(UPS)、刀片式集群服务器、电脑等组成。

海上自动监测站的配置包括浮标体、多参数水质监测仪、营养盐监测仪器、数据控制系统、太阳能供电系统、GPS 定位系统、无线通信系统、锚链固定系统等构成。海上自动监测站系统构成见图 7-3,具体配置见表 7-1。

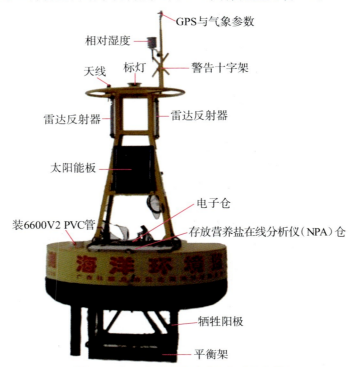

图 7-3　海上自动监测站系统构成示意图

表 7-1　海上水质自动监测浮标系统配置清单

序号	产品代号	性能与参数	数量	单位
1	EMM 2000-00	环境监测浮标系统： ——杜邦超强离子聚合泡沫塑料浮体，直径 1.83 m，浮力可支撑 909 kg，随波性切割 ——自体数据浮标黄色颜料（不需维护） ——镀锌钢压舱底座（长 0.8 m，宽 0.8 m，高 0.7 m）不锈钢水密电子仓（直径 0.3 m，高 0.4 m），放置： ——CSI CR1000 型数据采集、存储与控制系统 ——GPRS/CDMA 数据发送与接收装置 ——66 A·h 可充电蓄电池组 ——湿度监测报警系统 ——自然水冷温度调节功能 ——太阳能供电调节器 ——Garmin 16-HVS GPS 卫星定位系统接收器 甲板不锈钢电子仓板盖： ——海洋级水密天线接头 ——海洋级水密太阳板及灯标接头 ——海洋级水密 YSI 多参数水质监测仪接头 ——海洋级水密诊断接头 ——水密测试透气管 浮标塔组件： ——海洋级太阳能供电系统（50 W 太阳板 3 块，水密太阳板接线盒） ——高耐候黄色粉末涂料涂装 ——全 6061-T6 铝材（高 1.9 m，顶环直径 1.2 m） ——标准警示灯标（带自动灯泡更换器） ——雷达反射器 ——海洋等级水密浮标通信全向天线 NPA-3 营养盐仪器安装和保护套管 YSI 多参数水质监测仪安装和保护套管 锚链系统	1	套

序号	产品代号	性能与参数	数量	单位
1	EMM 2000-00	——单点锚定 ——125 kg 锥形 Dormor 主锚 ——回收线：浮球、锚线、16 kg 锥形 Dormor 回收锚 ——工具及备件套	1	套
2	6600V2-4-0	多参数水质监测仪	1	套
3	6025	叶绿素探头	1	套
4	6132	藻红蛋白探头	1	套
5	6136	浊度探头	1	套
6	6150	ROX 溶解氧探头	1	套
7	6569	pH/氧化还原电位（ORP）探头	1	套
8	6445	pH 清洁刷	1	套
9	6090	野外电缆	1	套
10	062620	水下电缆	1	套
11	650-01	野外校准显示仪器	1	套
12	6095B	通信电缆转接器	1	套
13	3822	pH＝7 标准溶液 475 mL×6	1	套
14	3823	pH＝10 标准溶液 475 mL×6	1	套
15	6073-1	浊度标准溶液，123 NTU，500 mL	1	套
16	3169	电导率溶液，50 mS/cm，475 mL×8	1	套
17	NY106023	叶绿素 a、藻红蛋白校准溶液	1	套
18	6144	光学垫片×20	1	套
19	PB100	五参数气象传感器	1	套
20	NAP-3	硝酸盐、亚硝酸盐、磷酸盐分析仪器	1	套
21	NAP NO3	UV 灯	1	套

16 个自动监测站的监测指标为水温、盐度、电导率、DO、pH、叶绿素、蓝绿藻，其中 6 个站带有营养盐自动监测仪，监测硝酸盐、亚硝酸盐、磷酸盐，2 个站

带有气象自动监测仪,监测气温、气压、相对湿度、风向、风速。自动监测站各监测项目的具体技术指标参数见表 7-2。

表 7-2　自动监测站各监测项目技术指标参数

序号	监测项目	监测方法	技术指标
1	水温	热敏电阻法	量程:0～45 ℃ 分辨率:0.01 ℃ 准确度:±0.15 ℃ 自动清洗
2	酸碱度	玻璃复合电极法	量程:pH 0～14 分辨率:pH 0.01 准确度:pH ±0.2 自动清洗 三点校准及自动温度补偿。
3	溶解氧	荧光法	量程:0～50 mg/L 分辨率:0.01 mg/L 准确度:0～20 mg/L,±1％或 0.1 mg/L,以大者为准;20～50 mg/L,±15％ 无须搅拌(不受流速影响),自动清洗,自动温度补偿,自动盐度补偿
4	电导率	四电极电流法	量程:0～100 mS/cm(自动量程选择) 分辨率:0.001～0.1 mS/cm(视量程而定) 准确度:读数的±0.5％ 自动温度补偿
5	盐度	由电导率计算得出	量程:0～70 分辨率:0.01 准确度:±1％或 0.1,以大者为准 自动温度补偿
6	浊度	90°光散射法	量程:0～1 000 NTU 分辨率:0.1 NTU 准确度:读数的±2％或 0.5 NTU,以大者为准 自动清洗,自动温度补偿

序号	监测项目	监测方法	技术指标
7	叶绿素a	体内荧光法	量程:0~400 µg/L 或 0~100%荧光度 分辨率:0.1 µg/L 叶绿素或 0.1%荧光度 准确度:±5%荧光度 自动清洗,自动温度补偿
8	氧化还原电位	铂电极法	量程:−999~+999 mV 分辨率:0.1 mV 准确度:±20 mV
9	蓝绿藻	荧光法	检出限:330 个/毫升 量程:330~200 000 个/毫升 线性:0.999 97 浊度干扰:≤163 个/毫升 叶绿素干扰:≤190 个/毫升 自动清洗,仪器防护等级为 IP68,仪器通信接口为 RS232 和 SDI-12
10	硝酸盐	镉还原法	量程:0~2 mg/L 分辨率:0.001 mg/L 准确度:±3%
11	亚硝酸盐	格里斯试验法	量程:0~0.5 mg/L 分辨率:0.001 mg/L 准确度:±3%
12	磷酸盐	磷钼蓝分光光度法	量程:0~0.5 mg/L 分辨率:0.001 mg/L 准确度:±3%

7.2.2 广西近岸海域水质自动监测网络站点布设

根据布点原则[① 在赤潮易发区、重要敏感区域,布设带亚硝酸盐、硝酸盐及磷酸盐等营养盐监测的自动监测站(A 型);② 在主要港口海域、重要的排污区海域、国界和省界区域等其他敏感区域,布设无营养盐监测的自动监测站(B型)],在广西近岸海域布设 16 个自动监测站,涵盖整个广西近岸海域环境功能区。其中,北海市海域 9 个,包括带营养盐监测的 3 个;钦州市海域 4 个,包括带营养盐监测的 2 个;防城港市 3 个,包括带营养盐监测的 1 个。

广西近岸海域水质自动监测网络海上自动监测站分布见图 7-4。

图 7-4　广西近岸海域水质自动监测网络海上自动监测站分布图

各站点监测因子与监测频率见表 7-3。

表 7-3　各站位监测因子与监测频率

站点编号	所在海区	监测指标 1 （频率：每 30 min 一次）	监测指标 2 （频率：每 4 h 一次）	监测指标 3 （频率：每 15 min 一次）
GX01	北仑河口（中越交界海域）	水温、DO、pH、电导率、盐度、浊度、叶绿素、蓝绿藻		
GX02	江山半岛防城港港口区海域	水温、DO、pH、电导率、盐度、浊度、叶绿素、蓝绿藻		
GX03	防城港企沙工业排污区	水温、DO、pH、电导率、盐度、浊度、叶绿素、蓝绿藻	硝酸盐、亚硝酸盐、磷酸盐	

续表

站点编号	所在海区	监测指标 1 （频率：每 30 min 一次）	监测指标 2 （频率：每 4 h 一次）	监测指标 3 （频率：每 15 min 一次）
GX04	茅尾海海域	水温、DO、pH、电导率、盐度、浊度、叶绿素、蓝绿藻	硝酸盐、亚硝酸盐、磷酸盐	
GX05	龙门海域	水温、DO、pH、电导率、盐度、浊度、叶绿素、蓝绿藻		
GX06	钦州港海域	水温、DO、pH、电导率、盐度、浊度、叶绿素、蓝绿藻	硝酸盐、亚硝酸盐、磷酸盐	气温、气压、湿度、风向、风速
GX07	三娘湾海域	水温、DO、pH、电导率、盐度、浊度、叶绿素、蓝绿藻		
GX08	大风江口海域	水温、DO、pH、电导率、盐度、浊度、叶绿素、蓝绿藻		
GX09	南流江口海域	水温、DO、pH、电导率、盐度、浊度、叶绿素、蓝绿藻	硝酸盐、亚硝酸盐、磷酸盐	气温、气压、湿度、风向、风速
GX10	冠头岭排污区海域	水温、DO、pH、电导率、盐度、浊度、叶绿素、蓝绿藻	硝酸盐、亚硝酸盐、磷酸盐	
GX11	银滩海域	水温、DO、pH、电导率、盐度、浊度、叶绿素、蓝绿藻		
GX12	涠洲岛南湾港海域	水温、DO、pH、电导率、盐度、浊度、叶绿素、蓝绿藻	硝酸盐、亚硝酸盐及磷酸盐	

续表

站点 编号	所在海区	监测指标 1 (频率:每 30 min 一次)	监测指标 2 (频率:每 4 h 一次)	监测指标 3 (频率:每 15 min 一次)
GX13	营盘海域海水养殖区	水温、DO、pH、电导率、盐度、浊度、叶绿素、蓝绿藻		
GX14	铁山港混合排污区海域	水温、DO、pH、电导率、盐度、浊度、叶绿素、蓝绿藻		
GX15	合浦县白沙镇海水养殖区	水温、DO、pH、电导率、盐度、浊度、叶绿素、蓝绿藻		
GX16	广西、广东交界(合浦儒艮保护区)	水温、DO、pH、电导率、盐度、浊度、叶绿素、蓝绿藻		

7.2.3 数据采集与传输

海上自动监测站具有数据存储和无线传输功能。通过输入指定程序和命令,实现自动监测站的数据采集、存储。先通过中国移动网络将数据传输到移动基站,再通过互联网将数据传回监控中心服务器。传回监控中心的数据存储在服务器上,通过系统软件对监测数据进行查看、处理和分析。

7.3 海上自动监测站数据质量监控

7.3.1 通过规范运行、维护、管理保证数据质量

在自动监测站运行过程中,应制定运行和维护管理制度,如自动监测的仪器操作指南、仪器维护规程、维护(外包)技术规范等规程,确保自动监测的有效运行。

根据自动监测仪器的性能和监测需求设定监测频率。例如,将自动监测指标的监测频次设定为营养盐参数每 4 h 监测一次,气象参数每 15 min 监测一次,其他参数每 30 min 监测一次,这样,每天可获得近 8 000 个有效监测数据。

广西海洋环境监测中心站将自动监测站的运营维护外包给专业运营维护

公司,并根据合同对其进行考核,要求其按照制定的维护周期、维护规程、维护技术规范等进行维护。经统计,营养盐监测仪运行正常率超过70%,其他仪器运行正常率均达到80%以上。

除可以合成并入近岸海域环境与生态数字化实时管理系统外,广西近岸海域自动监测网络也可独立应用于广西近岸海域水质自动连续监测、赤潮以及突发污染事故实时监测及预警、相关功能区达标评价及广西近岸海域水质变化趋势分析等。

7.3.2　通过质量保证与质量控制制度保证数据质量

通过加强对运营维护方的考核、定期现场比对监测、定期数据检查和审核等方式,加强自动监测数据的质量控制。

例如,广西海洋环境监测中心站编制了质量控制方案,并要求维护人员严格按照方案进行维护。每个月都对运营维护方进行考核,加强对维护的质量控制,督促其按照15 d的周期进行维护,保障自动监测站的有效运行和数据的准确性。从2013年起,广西海洋环境监测中心站要求运营维护方严格按照《近岸海域水质连续自动监测技术要求(试行)》进行自动监测站的维护、质量控制和数量保证,在每次维护前后均要进行数据的精密度、准确度检验,定期开展检出限、标准曲线核查,并按要求对数据进行质量控制。

广西海洋环境监测中心站每月对16个自动监测站进行1~2次现场比对监测,以了解数据的准确性,一旦发现数据明显不准确,即要求运营维护方进行维护和校准。比对监测包括采用便携式多参数仪对pH、DO、电导率等比对,对叶绿素、营养盐则采样回实验室进行分析,另外还对仪器用的标准溶液进行比对核查。

广西海洋环境监测中心站每天分别在8~10时、15~17时、20~22时进行数据检查和审核,保证数据的准确性;发现数据异常,立即通知维护方进行检查、维护和校准。

7.4　海上自动监测站数据模型利用——数据同化技术

对于近岸海域水环境的监控管理,一般是采取两种相互脱钩的方式:一种是使用数值模型进行研究,另外一种是对海洋水环境进行直接观测。数值模型根据所研究的海域水流运动和污染物扩散特征,在离散方程时常常对参数做进一步的简化。因此,通过数值模型预测模拟结果,通常是近似地反映海域流场和污染物扩散规律性和特征。而直接观测得到的数据,虽然是对海洋水环境进行真实观测,但由于观测设备的局限和观测点物理性质的随机变动,特别是观测点位有限,观测结果具有不可避免的系统误差与随机误差。两种方式获得的数据具有各自的优、缺点。在开发和运用近岸海域环境与生态数字化实时管理系统的实践中,可以通过数据同化将观测数据与理论模型结果相结合,吸取两者的优点,以得到更接近真实值的结果。那么,如何将这些数据和数值模型的结果结合起来?结合两者的理论基础是什么?这就需要进行具体深入的研究。

首先,已有数据同化方法原来多是应用于其他学科,不能直接应用于海洋环境研究,寻求将这些方法应用到海洋环境的数据处理中,需要进行具体的探究。其次,海域水环境自动监测系统数据量大面广,如何从这些数据中提取绝大部分有用的信息,剔除少数奇异信息,是另一个挑战。再次,在以往的数据分析中,对观测数据的处理通常是将所有观测数据当作同一时刻的值来应用,包括对不同海域的水质监测数据的使用。很明显,这种应用方法与数据在实际获取时存在时间差的情况不符合,需要纠正。

为把野外台站的相关数据与模型模拟结果结合,提高模型模拟的准确度,尝试采用最优插值算法,将理论模型结果与海域水环境自动监测系统数据调和结果作为一个有机的整体进行同化处理,以获取更接近于真实值的同化结果。

最优插值法的基本原理:格点上的分析值是由格点的初估值(又被称作预报值)加上修订值而得到的,其修订值由周围各测站的观测值与初估值的偏差加权求得,其权重系数(即最优插值系数)应该使得网格点分析值的误差最小。因此,最优插值取值包括三个方面的优化:算法公式、权重矩阵的确定、约束限制。

为了适应数据来自不同观测时刻的具体情况,在传统最优插值法的基础上,引入时间关联,从而得到具有考虑时间因素的最优插值法。根据最优插值法的一般原理,设 $F^a(r_i, t_m)$ 是某要素 F 在分析点 r_i 处 t_m 时刻的分析值,$F^b(r_i, t_m)$ 是某要素 F 在分析点 r_i 处 t_m 时刻的背景值(初估值),$F^a(r_j, t_n)$ 是某要素 F 在分析点 r_j 处 t_n 时刻的分析值,$F^b(r_j, t_n)$ 是某要素 F 在分析点 r_j 处 t_n 时刻的背景值,则最优插值法的表达式为

$$F^a(r_i, t_m) = F^b(r_i, t_m) + \sum_{j=1}^{J} W_{ij}[F^a(r_j, t_n) - F^b(r_j, t_n)] \qquad (7\text{-}1)$$

式中,J 为观测站点的总个数;W_{ij} 为权重系数,该系数反映出不同观测站点在

不同时刻的观测增量 $F^a(r_j,t_n)-F^b(r_j,t_n)$ 对分析点的贡献。

设 $F^t(r_i,t_m)$ 为分析点 r_i 处 t_m 时刻的真实值,则有

$$F^a(r_i,t_m)-F^t(r_i,t_m)=F^b(r_i,t_m)-F^t(r_i,t_m)+\sum_{j=1}^J W_{ij}[F^a(r_j,t_n)-F^b(r_j,t_n)]$$

$$(7-2)$$

假设初估值的误差及观测值的误差是无偏的,根据无偏特性,有

$$<F^b(r_i,t_m)-F^t(r_i,t_m)>=0 \qquad (7-3)$$

$$<F^b(r_j,t_n)-F^t(r_j,t_n)>=0 \qquad (7-4)$$

$$<F^a(r_j,t_n)-F^t(r_j,t_n)>=0 \qquad (7-5)$$

式中,$<>$ 表示求期望值。在上述假定下,有

$$\begin{aligned}
&<F^a(r_j,t_n)-F^b(r_j,t_n)>\\
&=<[F^a(r_j,t_n)-F^t(r_j,t_n)]-[F^b(r_j,t_n)-F^t(r_j,t_n)]>\\
&=<F^a(r_j,t_n)-F^t(r_j,t_n)>-<F^b(r_j,t_n)-F^t(r_j,t_n)>\\
&=0
\end{aligned} \qquad (7-6)$$

当背景值与真值不相等时,通过提前修订背景值,可使之满足无偏要求。将式(7-2)两边取平方,然后取数学期望,有

$$<[F^a(r_i,t_m)-F^t(r_i,t_m)]^2>=<[F^b(r_i,t_m)-F^t(r_i,t_m)]^2>+$$

$$2\sum_{j=1}^J W_{ij}<[F^b(r_i,t_m)-F^b(r_i,t_m)][F^a(r_j,t_n)-F^b(r_j,t_n)]>+ \quad (7-7)$$

$$\sum_{k=1}^J\sum_{j=1}^J W_{ij}W_{ik}<[F^a(r_j,t_n)-F^b(r_j,t_n)][F^a(r_k,t_l)-F^b(r_k,t_l)]>$$

这里,$<[F^a(r_i,t_m)-F^t(r_i,t_m)]^2>$ 称为分析点 r_i 处 t_m 时刻的分析误差方差,记为 E_a^2;$<[F^b(r_i,t_m)-F^t(r_i,t_m)]^2>$ 称为分析点 r_i 处 t_m 时刻的背景误差方差,记为 E_b^2;$<[F^b(r_i,t_m)-F^t(r_i,t_m)][F^a(r_j,t_n)-F^b(r_j,t_n)]>$ 称为分析点 r_i 处 t_m 时刻的背景误差与观测点 r_j 处 t_n 时刻观测误差的方差,记为 E_{bo}^2;$<[F^b(r_j,t_n)-F^b(r_j,t_n)][F^a(r_k,t_l)-F^b(r_k,t_l)]>$ 称为观测点 r_j 处 t_n 时刻的观测误差与观测点 r_k 处 t_l 时刻观测误差的方差,记为 E_o^2。在实际中,当相差时间不太长时,实际值应该近似一致,尤其对于海洋而言,时间间隔很短的两个观测可近似认为它们的真值与时间间隔的关系不太大。这样,可认为两个时刻的真值相一致,尤其当观测时间紧密相关时。根据动态最优插值的定义,要使分析误差最小,则有

$$\frac{\partial E_a^2}{\partial W_{ij}} = 0, j = 1, 2, \cdots, J \tag{7-8}$$

由式(7-7)得到

$$\sum_{k=1}^{J} W_{ik} < [F^a(r_j, t_n) - F^b(r_j, t_n)][F^a(r_k, t_l) - F^b(r_k, t_l)] > = \tag{7-9}$$
$$-< [F^b(r_i, t_m) - F^t(r_i, t_m)][F^a(r_j, t_n) - F^b(r_j, t_n)] >$$

将式(7-9)右边项改写,并注意到观测增量与背景误差二者之间无关,当某些观测时间上跨度在尺度 T 范围内,空间上在尺度 L 范围内,得到

$$-< [F^b(r_i, t_m) - F^t(r_i, t_m)][F^a(r_j, t_n) - F^b(r_j, t_n)] > = \tag{7-10}$$
$$< [F^b(r_i, t_m) - F^t(r_i, t_m)][F^b(r_j, t_n) - F^t(r_j, t_n)] >$$

上述方差在两个尺度范围限定内不为 0,当超出两个尺度中任何一个时,方差为 0。

将式(7-9)左边项改写,得到

$$\sum_{k=1}^{J} W_{ik} < [F^a(r_j, t_n) - F^b(r_j, t_n)][F^a(r_k, t_l) - F^b(r_k, t_l)] > = $$
$$\sum_{k=1}^{J} W_{ik} \{ < [F^a(r_j, t_n) - F^t(r_j, t_n)][F^a(r_k, t_l) - F^t(r_k, t_l)] > + \tag{7-11}$$
$$< [F^b(r_j, t_n) - F^t(r_j, t_n)][F^b(r_k, t_l) - F^b(r_k, t_l)] > \}$$

则式(8-9)改写成

$$\sum_{k=1}^{J} W_{ik} \{ < [F^a(r_j, t_n) - F^t(r_j, t_n)][F^a(r_k, t_l) - F^t(r_k, t_l)] > + $$
$$< [F^b(r_j, t_n) - F^t(r_j, t_n)][F^b(r_k, t_l) - F^t(r_k, t_l)] > \} = \tag{7-12}$$
$$< [F^b(r_i, t_m) - F^t(r_i t_m)][F^b(r_j, t_n) - F^t(r_j, t_n)] >$$

因此,动态最优插值包括三个方面:① 算法,应用式(7-1);② 权重矩阵的确定,应用式(7-12);③ 约束限制,观测数据时间跨度在 T 范围内,空间距离跨度在 L 范围内。

在具体运用时,背景数据通常使用模型模拟的数据,而观测数据的个数往往具有不确定性(不同次观测所观测的数据个数可能不同),观测点位置的分布也常常不规则。因此,为了应用插值算法,做如下变化:同化过程可以看作是由两步完成的,第一步是观测增量的滤波处理,第二步是滤波后的观测增量的映射处理。滤波处理通常根据插值法的基本要求,将方差作为滤波特性的标准。

当观测值维数与背景点维数不一致时,构造映射矩阵 $\boldsymbol{H}$,该矩阵将背景值映射到观测位置,可得到观测位置的背景值。在映射得到的背景值与观测数据的基础上,进行滤波处理。在滤波后的第二步中,将观测增量再通过逆映射作用到模型分析的位置点,从而完成同化。

设背景数据点为 I,形成的背景数据向量为 $\boldsymbol{X}$,则在映射矩阵 $\boldsymbol{H}$ 作用下,将背景值转化为 $Z,Z=\boldsymbol{HX}$。引入另一矩阵 $\boldsymbol{K},\boldsymbol{K}$ 为待定的矩阵,它使得原来的权重矩阵 $\boldsymbol{W}$ 表示为 $\boldsymbol{W}=\boldsymbol{KH}$,这样求原来的 $\boldsymbol{W}$ 的最优就转化为求 $\boldsymbol{K}$ 的最优,这里 $\boldsymbol{K}$ 使得同化后的数据具有最小的方差估计。将上述变换代入,可得到最终使用的同化公式:

$$F^a=F^b+\boldsymbol{B}\boldsymbol{H}^{\mathrm{T}}(\boldsymbol{H}\boldsymbol{B}\boldsymbol{H}^{\mathrm{T}}+O)^{-1}(F^a-Z) \tag{7-13}$$

而

$$\boldsymbol{K}=\boldsymbol{B}\boldsymbol{H}^{\mathrm{T}}(\boldsymbol{H}\boldsymbol{B}\boldsymbol{H}^{\mathrm{T}}+O)^{-1} \tag{7-14}$$

则同化公式改写为

$$F^a=F^b+\boldsymbol{K}(F^o-\boldsymbol{HX}) \tag{7-15}$$

根据研究区域,假定水环境数学模型计算网格具有 N 个网格点,变量的计算值用 x 表示,则 $x_n^b(n=1,N)$ 代表所有计算网格点上的计算值(背景场信息);假定有 M 个非规则分布的观测站点,变量的观测值用 y 表示,则 $y_m(m=1,M)$ 代表所有观测点上的观测值。$x^a(n=1,N)$ 代表同化之后最终想要得到的结果,称之为分析值,则水环境数学模拟与监测站点资料采用最优插值法的基本计算公式为

$$x^a=x^b+\boldsymbol{B}\boldsymbol{H}^{\mathrm{T}}(\boldsymbol{H}\boldsymbol{B}\boldsymbol{H}^{\mathrm{T}}+\boldsymbol{R})^{-1}(y-\boldsymbol{H}x^b) \tag{7-16}$$

分析值协方差矩阵方程为

$$\boldsymbol{A}^{-1}=\boldsymbol{B}^{-1}+\boldsymbol{H}^{\mathrm{T}}\boldsymbol{R}^{-1}\boldsymbol{H} \tag{7-17}$$

$\boldsymbol{H}$ 为插值算子,如果观测站点和计算网格点不重合,则需要一个算子将分析网格点的值变换到观测站点位置,该线性算子表示为 $\boldsymbol{H}$。通常假设该算子为线性的 $M\times N$ 型的矩阵。

$\boldsymbol{B}$ 为背景场协方差矩阵,具有 $N\times N$ 个元素,每个矩阵元素表示为 $b_{ij}(i=1,N;j=1,N)$,则有 $b_{ij}=<(x_i^b-x_i^t)(x_j^b-x_j^t)>$,其中 x^t 为分析网格点处变量真实值。

$\boldsymbol{R}$ 为观测误差协方差矩阵,具有 $M\times M$ 个元素,每个元素表示为 $r_{ij}(i=1,M;j=1,M)$,则有 $r_{ij}=<(y_i-y_i^t)(y_j-x_j^t)>$,其中 y^t 表示观测站点位置的变

量真实值。

由于 $\boldsymbol{R}$ 和 $\boldsymbol{B}$ 在计算过程中是很大的矩阵,则采用一些假设将其简化。

假设一:观测站点之间的观测误差的无关性和同一观测站点的误差协方差

的等阶性。即:$\boldsymbol{R} = \sigma_r^2 \begin{bmatrix} 1 & 0 & \cdots & 0 \\ 0 & 1 & \cdots & 0 \\ \vdots & \vdots & & \vdots \\ 0 & 0 & \cdots & 1 \end{bmatrix}$,其中,$\sigma_r^2$ 为平均观测误差协方差。

假设二:背景场误差协方差矩阵的假定。

$\boldsymbol{B} = \sigma_b^2 \begin{bmatrix} 1 & \gamma_{12} & \cdots & \gamma_{1N} \\ \gamma_{21} & 1 & \cdots & \gamma_{2N} \\ \vdots & \vdots & & \vdots \\ \gamma_{N1} & \gamma_{N2} & \cdots & 1 \end{bmatrix}$,其中,$\gamma_{ij}(i=1,N;j=1,N)$ 为相关系数。

计算过程中,$\boldsymbol{BH}^T$ 为 $N \times M$ 维矩阵,其形式为 $\boldsymbol{BH}^T = \sigma_b^2 \begin{bmatrix} \gamma_{11} & \gamma_{12} & \cdots & \gamma_{1N} \\ \gamma_{21} & \gamma_{22} & \cdots & \gamma_{2N} \\ \vdots & \vdots & & \vdots \\ \gamma_{N1} & \gamma_{N2} & \cdots & \gamma_{NM} \end{bmatrix}$,

其中,$\gamma_{ij}(i=1,N;j=1,M)$ 表示计算网格点 i 和观测站点 j 之间的相关系数,$\boldsymbol{BH}^T$ 表示计算网格点 i 和观测站点 j 之间的背景场误差协方差矩阵。

$\boldsymbol{HBH}^T$ 为 $M \times M$ 型的矩阵,其表示形式为 $\boldsymbol{HBH}^T = \sigma_b^2 \begin{bmatrix} 1 & \gamma_{12} & \cdots & \gamma_{1M} \\ \gamma_{21} & 1 & \cdots & \gamma_{2M} \\ \vdots & \vdots & & \vdots \\ \gamma_{M1} & \gamma_{M2} & \cdots & 1 \end{bmatrix}$,

其中,$\gamma_{ij}(i=1,M;j=1,M)$ 表示观测站点 i 和观测站点 j 之间的相关系数,$\boldsymbol{HBH}^T$ 表示观测站点 i 和观测站点 j 之间的背景场误差协方差矩阵。

经数据同化处理后,各网格点的计算值会根据观测值进行优化,从而使得水环境模型计算值与监测值之间具有更小的误差。最优插值法计算求解流程详见图 7-5。

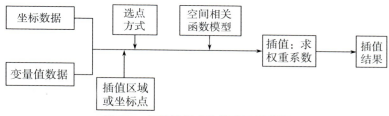

图 7-5 最优插值法计算求解流程图

以上的插值计算与数学模型的运行计算同步耦合进行，且施于模型能模拟给出的及实际也已监测得到的所有水质与生态环境参数。同化修正后的结果作为"真值"输出，同时作为下一个时间步长计算的初值，这就使得模拟结果始终保持在实测结果附近。

7.5 其他监测数据的利用

其他监测数据首先是指一年四次的常规监测数据。此种常规监测点位在北部湾水域共有 36 个，所获得数据一般用来进行一年四次的模型率定。自动监测站位和参数都比常规监测少，且已用来实时同化模型计算结果，因此经过一段较长时间（比如数个月）的运行，需要点位更多、参数更多的监测数据来检验模型模拟结果是否与实际有偏离，模型参数是否需要进行调校。前述常规监测数据正好用来服务这一目的。

部分有气象参数监测功能的野外台站监测的实时气象数据，如气温、气压、风速风向等，可作为模型的实时驱动力边界条件。

实际上，驱动较完整的生态动力学模型所需的边界条件参数较多，如太阳辐射（或云量）、北部湾海域底泥与水体的物质（特别是碎屑）和能量交换关系等，需要做进一步研究，特别是需要补充必要的边界条件观测，才能启用相对完整的生态动力学模型。如此，北部湾现有自动站监测的蓝绿藻等参数才能在数学模型模拟结果同化中进一步发挥作用，并使得所合成的水环境、水生态数字化实时管理系统功能更强。

第8章　系统总体构成与功能

本章仍以北部湾水域为对象,介绍系统的总体构成与功能。

8.1 系统总体构成

开发一个实用的海域环境与生态数字化实时管理系统的基本目标,就是要为环境监管部门随时提供近岸海域不同地点、不同时段的环境状况和变化趋势信息,特别是当前时段的实时信息。环境管理部门则可根据系统提示的预警信息及时采取相应的管理措施。

近岸海域环境与生态数字化实时管理系统技术构成如图 8-1 所示。一个完整的系统实测数据来源包括三个方面。第一个数据来源是各野外现场自动监测站包括海上自动站、河口自动站和污染源在线自动监测站的连续自动监测数据。这些自动站只要已经建成,所监测的数据一般都通过或至少可通过有线和无线传输及时集中到环境监测和/或环境管理部门的中心数据库中。目前无线通信为主要形式和发展趋势,特别是置于海上与河口的自动站。为了保证数据的可靠性,对这些自动站会按规范安排一定的对比监测,以及时矫正仪器和数据。第二个数据来源是大面上的常规监测数据。这些数据虽然是长时间间断提供的,但其可以每隔一段时间对系统中的模型参数进行校正,非常有用。第三个数据来源是卫星遥感数据。遥感数据本身需要依靠地面实测数据帮助识别和同化,对比已开展和正在开展许多研究。卫星数据的应用暂未包括在本书的介绍之中。

近岸海域环境与生态数字化实时管理系统硬件构成如图 8-2 所示。系统的前线监测仪器分为三大类。一类是设置于近岸海域的水上自动观测浮标站。在广西近岸海域,这些站位已基本建设完成,总共 16 个。这些站位按照一定的原则布设,有的布设于重要的河口外,有的布设于重要的海湾,有的布设于环境敏感区域的敏感点。其中 10 个 B 型站位可提供水温、盐度、pH、电导、DO、

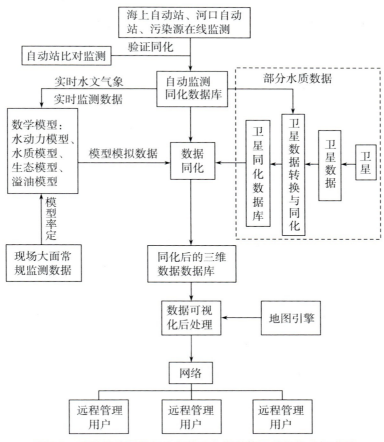

图 8-1 近岸海域环境与生态数字化实时管理系统技术构成图

氧化还原电位、浊度、叶绿素、蓝绿藻等 9 个水质参数的信息；在 B 型站位的基础上，6 个 A 型站位增加了监测硝酸盐、亚硝酸盐、可溶性磷酸盐的功能。此外，在 2 个 A 型站位(GX06 和 GX09)上还加装了气象监测仪，可监测风速、风向、气压、气温、湿度等 5 个气象参数。之后还将在 4～6 个站位增加监测潮位和海流的仪器，为海域的流场观测和计算提供第一手数据。第二类是设置于具有一定规模流量的主要河口的水质和水文自动监测站。在北部湾示范系统被纳入考虑的这类河口包括南流江和钦江两大主要河流，其他入海河流拟在之后的阶段逐步实施。这类自动站主要监测入海河口的水质和流量，流量拟通过测量水位来推算，而水质监测的参数将与前述海域自动浮标站位的 A 型站位相近。第三类则是设于入海直排口的在线监测系统。入海直排口包括各企业直排入海的排污口和通过小型河道(河沟)或排污渠(包括集中式污水厂排放口)排放污水入海的所有排污口。对于各企业来说,这些在线监测系统按照总量控制要求来建设。而对于一些集中排污的排污渠,则必须专门建设功能相应加强的在线自动监测系统。

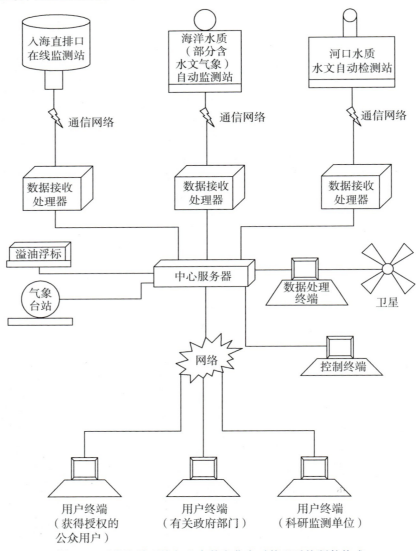

图 8-2　近岸海域环境与生态数字化实时管理系统硬件构成

上述三类一线监测仪器所取得的数据分别通过通信网络系统进入各自的数据接收处理器（或服务器）。海上自动监测站的数据接收和初步处理可自成系统；针对河口监测系统的数据接收、处理可考虑共用海上自动监测站的数据接收和处理器；而针对入海直排口的在线监测及其接收处理系统，一般应与系统覆盖范围内各地市的环境监测站一道进行整合。

中心服务器是整个系统的神经中枢，它接收来自多个源头的数据，除来自前述提及的三类一线监测仪器外，还将接收来自环境卫星的遥感数据。如前所述，来自卫星的数据还需经过专门的解析处理，从目前来看，这需要通过一个数据处理终端加入较多的人工操作来完成，会对满足"实时"的要求造成一定障碍。此外，在中心服务器上还需预留接口接收来自当地气象台站和其他涉海有关部门的数据，如来自海事部门投入使用的溢油浮标的数据。气象数据主要是气温、日照、云量、风速、风向、降雨等，是生态模型模拟计算的驱动参数。溢油监测浮标数据自然是与溢油模型对接。来自地方气象台站和溢油监测浮标的数据要视情况或可直接自动录入中心服务器，抑或需要通过数据处理终端加入一定人工操作完成输入。和卫星数据利用一样，这都将给系统运行全自动化提出挑战。但由环境卫星、地方气象台站和溢油监测浮标等获得的数据终应成为近岸海域环境监控与预警系统可资利用的宝贵资源。

由系统开发研究形成的各种数学模型和软件、数据库都存于中心服务器中，并在控制终端的人工管理监控下（大多数时间并不需要操作），结合来自多个源头的数据（亦全部存储于中心处理器中）进行计算和处理，形成各种可提供的结果，并存放于此。而各用户终端则通过网络在一定的授权范围内访问中心服务器，随时查看前述各种可提供的结果，如各种水质或污染源图表、可视化的水质空间分布等。用户终端属于用户设备，虽是本系统的必要组成部分，但不属于本系统的硬件建设内容。

在技术实现上，尽管近岸海域具有空间范围大、地形复杂等特点，实现近岸海域环境与生态数字化实时管理难度较大，但利用地理信息系统（GIS）的空间数据管理能力，以 GIS 作为基础平台，集成管理自动监测数据、水质模型数据、地理信息数据、污染源数据等，可实现近岸海域环境与生态数字化管理、分析、模拟和显示。

自动监测数据、水质模拟数据、地理信息数据都源自不同的系统，另外，自动监测数据、水质模型数据属于非标准格式的实时动态数据，这增加了系统集成的复杂度。为降低系统的复杂程度,保障系统的可靠性、稳定性及可维护性、可扩展性,系统采用松耦合架构。WebGIS 服务、水质数据空间可视化、同化服务三大模块相互独立,在 Web 端通过网络接口实现各模块的集成。

系统采用 C/S 和 B/S 混合模式结构。C/S 部分完成地理信息数据管理及水质模型模拟数据的导入和管理,主要供专业技术人员使用。B/S 部分基于水质模型数据,利用数据同化模块、实时监测数据综合计算,形成三维水质实时数据。以 WebGIS 地图引擎为基础,利用水质结果数据,采用等值面快速生成算法,实现水质结果的空间可视化。基于 B/S 系统,用户可以通过网络(局域网/广域网/互联网)实时查看任意区域的水质情况。

系统的模块构成如下。

8.1.1 实时水质模型数据服务

模型数据实时生成服务包含有 VC 编写的数据管理服务程序(注册的 Windows 服务)和用 Fortran 编写的同化组件(dll 程序)构成。

当操作系统启动时,实时水质模型数据服务将自动启动。实时水质模型数据服务中的数据监控线程按照一定的频率(比如设定为每分钟一次)查询野外监测数据,可包括水质、风场、流量、污染源等的实时监测数据。当满足一定的条件时,服务程序将野外监测的风场、流量、污染源数据转换为模型计算需要的输入数据,调用模型计算模块生成水质模型数据,利用水质监测数据与水质模型数据进行同化,并将同化后的水质模型数据保存到数据库。

8.1.2 地图数据管理工具及地图服务

地图数据管理及地图服务主要负责相应区域(海域和相邻陆地)的地理信息数据管理和维护,提供地图访问服务。其主要包括以下几部分:

——地图数据管理:地理信息数据的导入、编辑、配置等。

——地图服务:地图服务是一个 Windows 注册的网络服务,负责提供网络地图服务(WMS)的地图访问接口。

——地图服务访问和查询应用程序接口(API):通过地图访问接口调用,Web 集成模块利用 API 完成各种地图操作和查询的交互。

地图服务的性能指标包括并发数量、响应时间和稳定性(连续运行时间)等。例如,通过测试,北部湾示范系统的性能指标如下:

——地图放大/缩小、平移、选择、放大镜、对中等操作反应时间在 1 s 以内;

——对于 B/S 地图浏览,50 个用户并发获取地图请求时,每个地图请求的显示响应时间在 3 s 以内;

——对于单类信息的快速查询,响应时间小于 2 s;

——对于复杂的综合查询,响应时间一般在 15 s 以内。

8.1.3 水质数据空间可视化模块

水质数据空间可视化模块在系统中表现为一个 Web 服务,提供水质等值面晕渲地图生成及海域中任一点的水质过程线图表生成两种服务。当接收到集成模块的数据请求后,根据请求指令参数,系统从同化后的数据库表中读取水质模型数据,利用三角网生成水质等值面晕渲地图和图表。

系统的等值面晕渲图生成采用了等值线追踪算法。由于近岸海域有较广阔的范围,为了达到精确描述水质情况的目的,需要较多的三角形个数。为满足 B/S 系统并发访问及系统的操作性能要求,可在系统中对追踪算法进行一定程度的优化。主要方法是当系统在导入三角网数据时进行数据预处理,为三角网建立全面的点、边线、三角形之间的拓扑关系。当进行等值线追踪算法计算时,可极大地节约追踪搜索的时间。广西近岸海域示范系统中三角形数量为 16 955 个,系统客户端的晕渲地图浏览和查询响应时间平均小于 0.5 s。

该模块运行在 Web 服务器端,属于 Web 服务器组件。

8.1.4 溢油分析模块

通过浏览器提供的界面,用户可以创建多个溢油事件分析,输入溢油分析参数,包括溢油时间、溢油地理坐标、溢油量、未来的风场数据(在条件许可的情况下,可以自动输入气象部门发布的未来几天的风场数据)等。后端的公共网关接口(CGI)程序将调用溢油计算模块,完成溢油分析,并将结果数据存储到数据库。溢油分析结果可视化由模型数据空间可视化模块完成。

当一个溢油事件分析计算完成后,任何用户通过 Web 端可视化工具都可以查看溢油分析结果。

8.1.5 Web 集成模块

Web 集成模块是客户端访问各数据服务的枢纽,负责接收并解析客户端的数据请求指令,访问地图服务、水质数据空间可视化模块和数据库服务器。Web 集成模块将从各服务获取的数据进行整合处理,将结果反馈给客户端,由客户端呈现给客户。

Web 集成模块运行在 Web 服务器端,由多个 CGI 程序组成。

8.1.6 Web 客户端

Web 客户端在浏览中运行,负责系统与用户的交互。用户通过客户端提供的功能完成数据访问。例如,用户通过 Web 客户端完成地图操作功能对地图进行放大、缩小、平移,设置数据查询参数(如时间、水质因子等)查询相应的数据。

Web 客户端由超文本标记语言(HTML)网页和 JavaScript 程序构成,不需安装插件,支持多种浏览器(如 IE、Firefox 等)。其数据交互大多调用异步 JavaScript 和可扩展标记语言(AJAX)对象,界面比较友好,响应速度快捷。

8.1.7 系统开发及运行环境

北部湾示范系统整个系统模块较多,需要处理的数据较为复杂。根据各模块的自身需求,选用了不同的开发语言和环境:

——水质模型数据管理及同化服务管理模块:开发语言是 VC++,开发环境是 MS Visual Studio. net 2003;

——同化服务:开发语言是 VC++ 和 Fortran,开发环境是 MS Visual Studio. net 2003 和 MS Visual Fortran 6.5;

——水质数据空间可视化模块、Web 集成模块:开发语言是 Java 和 JSP,开发环境是 MyEclipse 6.5。

系统运行环境:

——操作系统:服务器端支持的操作系统包括 Windows XP、Windows 2000(或更高版本);

——数据库服务器:MS SQL Server;

——地图服务器:Maplink IS 3.0.2;

——Web 服务器:Tomcat 5.0/6.0。

整个系统在运行逻辑上分为数据维护管理和数据表现两个部分。

数据维护管理部分的工作原理:

——人工利用已有或新开发的软件建立水质、生态模型,生成模型数据文件。利用自开发的工具软件,读取水质、生态模型数据文件,并按照时间顺序导入数据库中,形成模型数据库。

——数据同化模块是一个自驱动的 Windows 服务,该服务自动实时访问监测数据库,读取最新的监测数据和对应时间点的模型数据,完成模型数据的同化,并将同化后的数据保存到数据库,形成同化后的模型数据库。

数据表现部分的作用是将同化后的模型数据以图形、表格的方式呈现给客户，在运行上由客户操作驱动：

——当用户通过浏览器访问系统时，系统客户端工具将数据访问请求通过网络发送到 Web 集成模块；

——Web 集成模块根据客户请求指令访问地图服务和水质数据空间可视化模块，获取相应的地图图形数据和水质可视化图形数据；

——Web 集成模块将两个图形化的数据进行整合，形成叠加的图形数据返回到浏览器客户端，呈现到客户端。

8.2 系统功能

将模型与水域已建的自动监测台站集成一个系统，实现如下总体功能：

——监视功能。将所关心的区域的水文、水质、气象与部分生态参数通过数字技术在计算机上实现仿真，利用连续监测台站的实时监测数据，通过所开发的模型推演出全部水域的动态水文、水质与生态（即使有时可能是部分指标）环境状况，政府环境管理部门可随时通过系统调看上述全部水域的动态环境状况。

——预警功能。系统根据预设的预警条件，通过对水质和生态参数进行综合评估，早期诊断问题，对水质超标和富营养化趋势给出预警，协助环保部门及时做出管理决策，即使足不出户，也能运筹帷幄。

模型中设置溢油迁移扩散计算模块，系统所覆盖区域一旦发生溢油事故，系统可根据当时的水文气象条件对油膜的迁移扩散轨迹做出预测，为事故应急处置提供技术支持。

——预测功能。若拟在系统覆盖范围增加某种污染源或采取某种污染削减措施，可利用该系统对环境响应做出预测。

系统也可预留接口，为其他涉海部门的涉海管理提供信息和服务。

系统的技术操作与服务功能包括以下方面。

8.2.1 系统维护及管理

8.2.1.1 模型数据入库

读取模型数据文件，将水质模型数据保存到数据库表中，形成原始的模型数据。

8.2.1.2 同化服务管理

启动、停止或重启同化服务。

8.2.1.3 用户管理

添加、删除、修改登录系统的用户账号。

8.2.1.4 水质因子等级划分及颜色配置

添加、删除水质因子；设置水质因子名称、单位；配置水质因子分级颜色，分级颜色配置直接表现在水质晕渲地图上，如总有机碳含量小于 0.002 为蓝色，0.002～0.008 为绿色，0.008～0.02 黄色，大于 0.02 为红色，则在水质晕渲图中将按此颜色分级以面的方式描述总有机碳含量分布。

8.2.1.5 模型数据管理

管理已入库的原始水质模型数据及同化后的水质模型数据，在这里主要是删除无用的或重复的模型数据记录。

8.2.1.6 监测站数据管理

以地图为背景，可直接在地图上标注、删除和编辑监测站点，并设置监测站的属性，如名称、是否启用、对应监测站数据的存储目录等。监测站数据可在客户端的地图上作为标注点加载显示。

8.2.1.7 污染源数据管理

以地图为背景，可直接在地图上标注、删除和编辑污染源点。污染源可在客户端的地图上作为标注点加载显示。

8.2.2 数据查询及访问

8.2.2.1 水质晕渲地图显示

用户登录后，系统显示最近时间点的地图为背景的水质晕渲全图。与互联网地图操作一样，系统可实现晕渲地图的放大、缩小、平移等。

可完成水质因子、时间（日和小时）、层（表层、中层、底层）选择。

8.2.2.2 动态播放

可按照时间顺向或反向，以模型设定的时间间隔或以一天为时间间隔，自动播放水质晕渲地图，能清晰地反映水质随时间的演变情况。

8.2.2.3 任一点的水质过程线

在地图的海域上，选择任意点，系统以曲线的形式描绘出对应水质因子随时间的变化情况。

8.2.2.4 监测站、污染源查询定位

监测站和污染源在地图中属于独立图层,用户可以将其在地图上叠加显示,查看其位置和查询属性。

8.2.2.5 水质晕渲地图生成

可将当前关注区按照指定比例自动生成标准幅面的水质晕渲地图(最大可输出 A0 幅面)。

8.2.2.6 地图其他功能

其他功能包括地名搜索定位,点击查询(包括地图的地物查询、污染源和监测站信息查询等),距离、面积量算,等等。

8.3 系统应用操作

8.3.1 登录系统

用户通过输入用户名、密码(图 8-3),即可登录客户端系统。

图 8-3 近岸海域环境数字化实时管理系统登录界面

8.3.2 系统主界面

用户登录后,进入系统主界面(图 8-4)。

图 8-4　近岸海域环境数字化实时管理系统主界面

8.3.3　参数设置工具

利用日期、时间、层及监测要素（水质因子）选择工具，通过设置日期时间、层和监测要素（水质因子），地图区会立即显示其对应的数据（图 8-5）。

图 8-5　近岸海域环境数字化实时管理系统参数设置工具

8.3.4　自动播放

通过操作如图 8-6 所示的工具，系统将以一定的频率按照时间的正向或反向自动改变时间参数，地图区自动显示对应的数据，达到自动播放的效果。

图 8-6　近岸海域环境数字化实时管理系统自动播放工具

自动播放画面截图见图 8-7。

图 8-7　近岸海域环境数字化实时管理系统自动播放画面截图

8.3.5　水质过程线

点击 过程线 按钮,然后点击地图水域的任意位置,地图窗口将出现一个红色的点记录点击位置,并弹出该点最近一天时间内的水质变化过程曲线图窗口,共包含底层、中层、表层三条水质过程线。

在窗口中,通过工具可以查询某一天或指定时间段的水质过程线(图 8-8)。

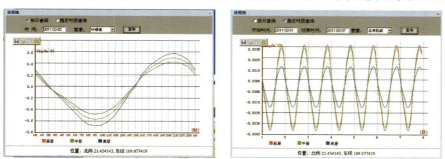

图 8-8　近岸海域环境数字化实时管理系统水质过程线界面

8.3.6　生成水质晕渲地图

点击地图工具栏右侧的 打印 按钮,系统将弹出打印设置对话框(图 8-9),可以设置输出图的标题、比例、打印方向、幅面、文件格式。

图 8-9　近岸海域环境数字化实时管理系统打印设置对话框

当点击确定后,系统将输出地图窗口范围内的水质晕渲地图影像文件。如果是 jpeg 格式,文件中自带分辨率参数,通过 Photoshop 软件可打印出同等比例尺的晕渲地图。

8.3.7　溢油分析

点击分类菜单 按钮,系统将出现如下界面(图 8-10)。

图 8-10　近岸海域环境数字化实时管理系统溢油分析界面

通过点击左边的工具可以设置溢油事件、计算结果因子、步数等参数,可以点击工具自动单步播放查看溢油的扩散过程。

点击分类栏"溢油分析管理",系统将出现如下界面(图 8-11)。

图 8-11　近岸海域环境数字化实时管理系统溢油分析管理界面

在上图所示界面中，可以创建、删除溢油事件。点击"创建项目"按钮，可以分步输入溢油事件分析需要的参数（图 8-12）。

图 8-12　近岸海域环境数字化实时管理系统溢油分析参数输入界面

点击"开始计算"后，Web 端程序将完成溢油分析，并将分析结果保存到数据库。

8.3.8　其他地图功能

8.3.8.1　地图查询

点击分类菜单 ，选择查询的地名类型，输入模糊查询文字，系统将查询出相关的地名,并在地图上标注位置。点击标注点,将显示其属性(图 8-13)。

图 8-13　近岸海域环境数字化实时管理系统地图查询界面

8.3.8.2　距离和面积量算

点击地图工具量距或量面工具 ![测距] ![量面] ,在地图上连续点击,系统将量算出指定线或面的距离或面积(图 8-14)。在进行量算操作时,可以通过鼠标滚轮缩放地图或按住鼠标左键拖动地图。

图 8-14　近岸海域环境数字化实时管理系统测距/量面界面

8.3.9 监测站、污染源点位叠加

通过点击分类菜单"监测站"或"污染源",界面左侧将显示监测站或污染源的列表;通过点击列表项,地图将定位显示对应的要素。通过点击地图工具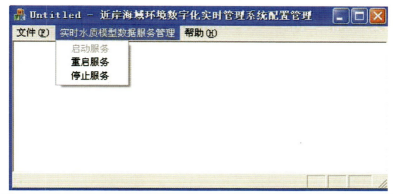,图面将显示或隐藏对应的图层点。

8.3.10 水质数据导入及同化服务管理

点击"实时水质模型数据服务管理"菜单,可以对服务进行启动、重启和停止操作(图 8-15)。

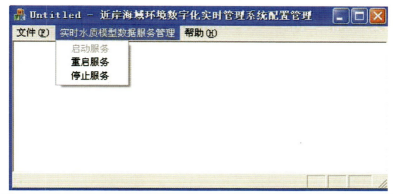

图 8-15 近岸海域环境数字化实时管理系统实时水质模型数据服务管理界面

8.3.11 Web 后台管理

通过管理员账号登录 Web 后台管理,可以完成用户管理、水质要素分级管理、监测站和污染源点位管理等(图 8-16)。

图 8-16 近岸海域环境数字化实时管理系统后台管理界面

8.3.11.1 用户管理

通过工具可以修改用户密码（当前登录用户），添加、删除用户账号。

8.3.11.2 水质要素分级配置

通过工具可以添加、删除水质因子，设置水质因子名称、单位，配置水质因子分级颜色（图 8-17），分级颜色配置直接表现在水质晕渲地图上。

图 8-17　近岸海域环境数字化实时管理系统水质要素分级配置界面

8.3.11.3 监测站、污染源点位管理

通过工具可直接在地图上标注、删除和编辑监测站、污染源点位（图 8-18、图 8-19）。监测站、污染源可在客户端的地图上作为标注点加载显示。

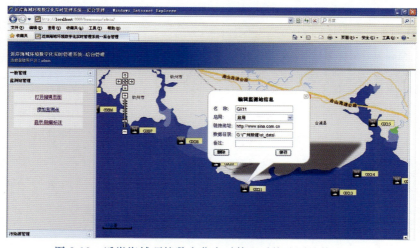

图 8-18　近岸海域环境数字化实时管理系统监测站管理界面

图 8-19 近岸海域环境数字化实时管理系统污染源管理界面

小结

本篇介绍了综合运用水质自动监测技术、水动力-水质-生态动力学模拟技术、数据库技术和软件开发技术集成近岸海域生态环境数字化实时管理系统，总结如下。

A. 野外自动监测台站的建设与数据获取

归纳了广西北部湾海域已建成和成功运行的 16 个海洋环境自动监测站建设和获取海域野外现场动态数据的实践经验，包括数据采集、传输、入库过程以及一整套规范的数据质量监控制度。

B. 多源数据同化技术

介绍了采用最优插值算法的数据同化方法。这一创新方法将模型模拟结果与海域水环境自动监测系统数据进行同化处理，可获取更接近于真实值的同化结果，实现了有限的观测数据与数值模拟过程的有机结合，提高了数值模拟的准确度，首次成功应用于广西近岸海域环境与生态数字化实时管理系统。

C. 近岸海域生态环境数字化实时管理系统集成

技术特点：以水动力-水质-生态动力学耦合模型为核心，借助数字通信技术"实时"获取近岸海域野外自动监测台站的水文气象作为模型实时驱动条件，同时借助数据同化技术"实时"利用野外台站实测的水质与生态数据率定和矫正模型的计算结果，将 GIS 作为基础集成平台，构建了一个整体的近岸海域生态环境数字化实时管理系统。

集成模式：该系统采用松耦合架构，将 Web GIS 服务、水动力-水质-生态动力学耦合模型数值模拟、水质数据空间可视化、同化服务几大模块相互独立，系统采用 C/S 和 B/S 混合模式设计，面向专业技术人员与公众，以 Web GIS 地图引擎为基础，在 Web 端通过网络接口实现各模块的集成与自动运行。

系统功能：系统可进行水动力。水质和浮游生态系统的实时模拟计算，并对计算结果进行一系列图文表并茂的多媒体处理,实现结果的空间可视化。有授权的远程管理者可通过网络"实时"掌握海域的环境状况与变化趋势,在给定环境质量要求的条件下,系统可轻易给出预警和警报,为环境管理和决策提供信息支持。该系统相当于把所关心的海域数字化地搬到了计算机屏幕上,从计算机屏幕上就可实时了解整个海域多方面的环境参数,从而为近岸海域生态环境实时管理提供先进的技术平台。

第 9 章　总结与展望

9.1　总结

本书介绍了近岸海域环境与生态数字化实时管理系统的总体构成和支撑技术。在设计的系统总体框架指引下，以水环境和水生态数学模拟技术为核心手段，将所要管理的海域数字化，平行采用了二维和三维理化与生态动力学模型，以便根据海域的特定环境条件灵活运用。示范海域的大范围、大规模现场水文水质和生态监测，以及现场围隔、室内实验，大大有助于认识当地的生态动力学规律，为数学模型当地化提供了重要的基础支撑，保障了参数率定和模型验证。野外实时监测台站的建设和运用是实时管理系统的另一大支柱，为数学模型的运行提供实时的驱动和边界条件，同时通过实时实测数据"牵引"数学模型模拟结果不至偏离实际。多源数据同化技术就是那根牵引的"绳子"，包括同化数学模拟结果和野外监测结果两大数据源的数据，而野外监测数据又包括实时连续监测的数据以及常规周期监测乃至临时监测的数据。近岸海域环境与生态数字化实时管理系统的第三个支柱是数据的无线传输和海域环境实时状态的可视化网络提供，这是以 Web GIS、无线远程通信、互联网等技术为基础进行的合成开发，既涉及内部数据处理和交换，也涉及外部数据处理和交换。以上思路和技术对其他形态的水域如河流、湖泊、水库等的环境与生态数字化实时管理同样适用。

基于以上技术开发的近岸海域环境与生态数字化实时管理系统应用于广西北部湾海域，实现了近岸海域生态环境的自动监测与实时模拟仿真相结合。该系统为近岸海域环境日常监管、污染控制、海洋生态健康维护提供了有效的跟踪监管技术手段，特别是可对近岸海域累积性和突发性污染过程预测预警提供快速、实时的污染预报和综合分析，使海洋环境管理部门能迅速做出反应，制定防控措施，启动应急预案，以减轻或避免水质污染和生态损害造成严重的经济损失。系统采用了 C/S 和 B/S 混合模式,可同时面向专业技术人员、环境管理人员与公众,为公众参与环境管理提供了一个全新的渠道,也扩大了环境预测预警的服务范围。该系统可为环境管理部门提供高效的决策支持,对提高我国近岸海域的环境管理科学技术水平具有重要意义。

9.2 展望

当今的科学技术发展已经进入信息化时代,并正从信息化时代向智慧化时代迈进。从这个意义说,本书介绍的水域环境与生态数字化实时管理系统只是在现代信息技术应用于环境管理方面刚刚开了一个头,未来的发展前景将更加广阔,需要有更多的人在这方面做出努力,且已经有一些人正在前进的路上。对于我们国家来说,要想保持在许多重要领域不落后于人、不受制于人,这应该是有待努力发展的方向之一。

在通信和网络技术方面,我们即将全面进入 5G 时代,且我国已经走在世界前列,5G 技术的应用已经在各行各业普遍展开。在如何利用 5G 乃至未来的 6G 技术提高我国的环境管理和环境保护技术水平方面,应该有相应的课题开展。毫无疑问,有了 5G 的大流量和快捷传输,本书介绍的近岸海域环境与生态数字化实时管理系统肯定会有快得多的数据传输能力和更加流畅的运行和结果展示,并可逐步将系统提高到物联网的水平。

在现场实时数据获取方面,有更多方法可以结合到数字化实时管理系统中来。首先,环境参数比如水质的自动监测技术日益进步,高度精密和智慧的芯片逐步在环境监测仪器上应用,这可以使现场监测台站的数据监测更加及时和准确并更加多样。可惜我国在这方面的仪器自主开发水平还相对落后。其次,卫星遥感数据也有待结合到本书介绍的系统中来。我国的卫星遥感和定位技术已经进入国际一流行列,如今光学传感器与合成孔径雷达(SAR)数据、数字高程模型(DEM)数据相结合使遥感数据的误差越来越小,且民用服务大受鼓励,这为我们提供了十分有利的条件。再次,无人机技术也是我国的强项,利用无人机进行环境监测已有许多尝试,把这一技术结合到环境与生态数字化实时管理系统之中也是题中应有之义。最后,大数据包括众包数据以及大数据技术的应用,必将有效提高环境与生态数字化实时管理系统的预测预警和决策支持能力,这方面的探索还有待迈出实质性的步伐。

作为环境与生态数字化实时管理系统核心部分的数字模拟技术,近年来也有了新的进展，出现了若干新的模型。这方面到目前为止存在两个突出问题：一是由我国科研单位或科研人员自主开发的相对比较成熟且能够广泛使用的基础模型几乎没有，这是一个十分令人担忧的局面；二是虽然有些生态模型看起来功能很强大，但实际上支撑这些模型的基础研究成果远没有达到普适的程度，这就是为什么将这类模型通过数字化实时管理系统应用于特定的水域时有必要开展当地的生态动力学基本规律研究。加强以上两个方面的研究和开发工作还有很长的路要走。在硬件方面，利用云计算则可以突破原来自备服务器的局限。

如何提高水域环境与生态数字化实时管理系统的智慧水平是一个全新的任务。当前，神经网络技术和遗传算法以及许多先进的统计分析方法已被广泛地应用于数据分析和建立数据之间的联系的研究中。把这些已有技术应用于环境与生态数字化实时管理系统是提高其智慧水平的可行的第一步，更进一步是开发独特的算法以增加系统的人工智能（AI）功能，这将使环境与生态数字化实时管理系统的决策支持能力达到更高的水平。

参考文献

[1] 陈菊芳,齐雨藻,徐宁,等. 2006. 大亚湾澳头水域浮游植物群落结构及周年数量动态[J]. 水生生物学报,30(3):311-317.

[2] 陈上及,马继瑞. 1991. 海洋数据处理分析方法及其应用[M]. 北京:海洋出版社.

[3] 陈阳宇,等. 2011. 数字水利(上册)[M]. 北京:清华大学出版社.

[4] 池缔萍,郭翔宇,钟仕花. 2010. 近5a来深圳大鹏湾南澳赤潮监控区营养盐变化及其结构特征[J]. 海洋环境科学,29(4):565-569.

[5] 杜飞雁,李纯厚,廖秀丽,等. 2006. 大亚湾海域浮游动物生物量变化特征[J]. 海洋环境科学,25(增刊1):37-43.

[6] 古小治,张雷,柏祥,等. 2011. 湿地沉积物-水界面营养盐交换的定量估算[J]. 水科学进展,22(1):75-83.

[7] 郭尚来. 1999. 随机控制[M]. 北京:清华大学出版社.

[8] 郭玉洁. 1994. 大连湾赤潮生物——赤潮异弯藻[J]. 海洋与湖沼,25(2):211-216.

[9] 韩桂军. 2001. 伴随法在潮汐和海温数值计算中的应用研究[D]. 青岛:中国科学院海洋研究所.

[10] 郝彦菊,唐丹玲. 2010. 大亚湾浮游植物群落变化及其对水温上升的响应[J]. 生态环境学报,19(8):1794-1800.

[11] 何桐,谢健,余汉生,等. 2008. 大亚湾表层沉积物间隙水与上覆水中营养盐分布特征[J]. 环境科学学报,28(11):2361-2368.

[12] 侯立军,刘敏,许世远,等. 2001. 长江口岸带柱状沉积物中磷的存在形态及其环境意义[J]. 海洋环境科学,20(2):7-12.

[13] 黄道建,郭振仁,陈菊芳,等. 2010. 大亚湾代表水域浮游动物生物量的垂直分布与季节动态研究[J]. 海洋环境科学,29(6):825-828.

[14] 黄道建,郭振仁,綦世斌,等. 2013. 大亚湾溶解有机碳的时空分布[J]. 生态科学,31(5):548-552.

[15] 黄良民. 1989. 大亚湾叶绿素 a 的分布及其影响因素[J]. 海洋学报,11(6):769-779.

[16] 黄小平,郭芳,黄道建. 2008. 大亚湾典型养殖区沉积物-海水界面营养盐扩散通量及其环境意义[J]. 海洋环境科学,27(增刊2):6-13.

[17] 贾沛璋,朱征桃. 1984. 最优估计及其应用[M]. 北京:科学出版社.

[18] 姜霞,王琦,金相灿,等. 2008. 光照与通气方式对蓝、绿藻竞争生长和磷的水-沉积物界面过程的影响[J]. 环境科学学报,28(1):31-36.

[19] 李宝,丁士明,范成新,等. 2008. 滇池福保湾底泥内源氮磷营养盐释放通量估算[J]. 环境科学,29(1):114-120.

[20] 李丽,江涛,吕颂辉. 2013. 大亚湾海域夏、秋季分粒级叶绿素 a 分布特征[J]. 海洋环境科学,32(2):185-189.

[21] 连喜平,谭烨辉,黄良民,等. 2011. 大亚湾大中型浮游动物的时空变化及其影响因素[J]. 海洋环境科学,30(5):640-645.

[22] 廖秀丽,李纯厚,杜飞雁,等. 2006. 大亚湾桡足类的生态学研究[J]. 南方水产,2(4):46-53.

[23] 刘玉生,韩梅,梁占彬,等. 1995. 光照、温度和营养盐对滇池微囊藻生长的影响[J]. 环境科学研究,(6):7-11.

[24] 吕莹,陈繁荣,杨永强,等. 2006. 春季珠江口内营养盐剖面分布和沉积物-水界面交换通量的研究[J]. 地球与环境,34(4):1-6.

[25] 潘晓滨,魏绍远,马华平,等. 1996. 逐次最优插值方案及其试验[J]. 气象科学,16(1):30-39.

[26] 秦伯强,朱广伟. 2005. 长江中下游地区湖泊水和沉积物中营养盐的赋存、循环及其交换特征[J]. 中国科学 D 辑:地球科学,35(增刊2):1-10.

[27] 丘耀文,王肇鼎,朱良生. 2005. 大亚湾海域营养盐与叶绿素含量的变化趋势及其对生态环境的影响[J]. 台湾海峡,24(2):131-139.

[28] 曲克明,陈碧鹃,袁有宪,等. 2000. 氮磷营养盐影响海水浮游硅藻种群组成的初步研究[J]. 应用生态学报,11(3):445-448.

[29] 沈国英,黄凌风,郭丰,等. 2010. 海洋生态学[M]. 3 版. 北京:科学出版社.

[30] 盛华,纪立人.1991.三维多元最优插值的区域性试验[J].气象学报,45(5):151-161.

[31] 宋国栋,石晓勇,侯继灵,等.2008.铁对浮游植物吸收营养盐的围隔实验初步研究[J].海洋与湖沼,39(3):209-216.

[32] 宋淑华,王朝晖,付永虎,等.2009.大亚湾大鹏澳海域微表层浮游植物群落研究[J].海洋环境科学,28(2):181-185.

[33] 孙翠慈,王友绍,孙松,等.2006.大亚湾浮游植物群落特征[J].生态学报,26(12):3948-3958.

[34] 孙凌,金相灿,杨威,等.2007.硅酸盐影响浮游藻类群落结构的围隔试验研究[J].环境科学,28(10):2174-2179.

[35] 孙凌,金相灿,钟远,等.2006.不同氮磷比条件下浮游藻类群落变化[J].应用生态学报,17(7):1218-1223.

[36] 孙陆宇,温晓蔓,禹娜,等.2011.现场围隔及其在水域生态学研究中的应用[J].水生态学杂志,32(3):120-126.

[37] 孙珊,刘素美,任景玲,等.2010.桑沟湾养殖海域营养盐和沉积物-水界面扩散通量研究[J].海洋学报,32(6):108-117.

[38] 屠伟铭,张跃堂.1995.全球最优插值客观分析[J].气象学报,53(2):148-156.

[39] 王爱英,金海,王洪珍,等.2011.用太阳辐射转化法计算室外照度值[J].土木建筑与环境工程,33(3):88-93.

[40] 王朝晖,陈菊芳,徐宁,等.2005.大亚湾澳头海域硅藻、甲藻的数量变动及其与环境因子的关系[J].海洋与湖沼,36(2):186-192.

[41] 王朝晖,杨宇峰,宋淑华,等.2011.大亚湾海域营养盐的季节变化及微表层对营养盐的富集作用[J].环境科学学报,31(2):307-315.

[42] 王东晓,施平,杨昆,等.2001.南海TOPEX海面高度资料的混合同化试验[J].海洋与湖沼,32(1):101-108.

[43] 王永平,丁艳青,吴挺峰,等.2010.泥沙起动临界状态对底泥内源释放的影响研究[J].环境污染与防治,32(11):5-8.

[44] 王勇,焦念志.2000.营养盐对浮游植物生长的上行效应的研究方法[J].海洋科学,24(11):16-18.

[45] 王友绍,王肇鼎,黄良民.2004.近20年来大亚湾生态环境的变化及其发

展趋势[J]. 热带海洋学报,23(5):85-95.

[46] 王玉珏,洪华生,王大志,等. 2008. 台湾海峡上升流区浮游植物对营养盐添加的响应[J]. 生态学报,28(3):2321-1327.

[47] 王育红,杨秀兰,吕振波,等. 2008. 山东近岸海湾微型浮游植物分布及其丰度与营养盐相关性研究[J]. 海洋与湖沼,39(6):643-649.

[48] 吴京洪,杨秀环,唐宝英,等. 2001. 大亚湾澳头增养殖区赤潮与环境的关系研究 I. 浮游植物总生物量与环境因子的关系[J]. 中山大学学报(自然科学版),40(3):37-40.

[49] 颜天,周名江,傅萌,等. 2003. 赤潮异弯藻毒性及毒性来源的初步研究[J]. 海洋与湖沼,34(1):50-55.

[50] 颜天,周名江,钱培元. 2002. 赤潮异弯藻 *Heterosigma akashiwo* 的生长特性[J]. 海洋与湖沼,33(2):209-214.

[51] 杨晓霞,沈桐立,徐文金,等. 1991. 最优插值客观分析方法[J]. 南京气象学院学报,14(4):566-574.

[52] 于锡军,黄道建,郭振仁,等. 2013. 大亚湾大辣甲水域叶绿素 a 及营养盐的垂直分布与季节变化[J]. 生态科学,32(1):78-83.

[53] 张爱军. 2000. 最优变分伴随方法及在近岸水位资料同化中的应用[D]. 青岛:中国科学院海洋研究所.

[54] 张洪钺,陈新海. 1987. 现代控制理论:最佳估值理论[M]. 北京:北京航空学院出版社.

[55] 张洁帆,李清雪,陶建华. 2009. 渤海湾沉积物和水界面间营养盐交换通量及影响因素[J]. 海洋环境科学,28(5):492-496.

[56] 张运林,秦伯温,马荣华,等. 2005. 太湖典型草、藻型湖区有色可溶性有机物的吸收及荧光特性[J]. 环境科学,26(2):142-147.

[57] 朱艾嘉,黄良民,林秋艳,等. 2009. 氮、磷对大亚湾大鹏澳海区浮游植物群落的影响 II. 种类组成[J]. 热带海洋学报,28(6):103-111.

[58] 朱艾嘉,黄良民,许战洲,等. 2008. 氮、磷对大亚湾大鹏澳海区浮游植物群落的影响 I. 叶绿素 a 与初级生产力[J]. 热带海洋学报,27(1):38-45.

[59] 朱广伟,秦伯强,高光,等. 2004. 长江中下游浅水湖泊沉积物中磷的形态及其与水相磷的关系[J]. 环境科学学报,24(3):381-388.

[60] 朱江,徐迎春,王赐震,等. 1995. 海温数值预报资料同化试验 I. 客观分

析的最优插值法试验[J]. 海洋学报,17(6):9-20.

[61] 朱梦圆,朱广伟,王永平. 2011. 太湖蓝藻水华衰亡对沉积物氮、磷释放的影响[J]. 环境科学,32(2):409-415.

[62] Aart E H L, Korst J H M. 1991. Boltzmann machines as a model for parallel annealing [J]. Algorithmica, 6(3): 437-465.

[63] Adamec D. 1989. Predictability of quasi-geostrophic ocean flow: sensitivity to varying model vertical resolution [J]. J. Phys. Oceanogr., 19(11): 1753-1756.

[64] Akmaev R A. 1999. A prototype upper-atmospheric data assimilation scheme based on optimal interpolation [J]. Journal of Atmospheric and Solar-terrestrial Physics, 61: 491-504.

[65] Appan A, Wang H. 2000. Sorption isotherms and kinetics of sediment phosphorus in a tropical reservoir [J]. Journal of Environmental Engineering, 126(11): 993-998.

[66] Azam F, Fenchel T, Field J G, et al. 1983. The ecological role of water-column microbes in the sea [J]. Mar. Ecol. Prog. Ser., 10: 257-263.

[67] Azam F, Malfatti F. 2007. Microbial structuring of marine ecosystems [J]. Nat. Rev. Microbiol., 5(10): 782-791.

[68] Bengtsson L, Ghil M, Kallen E. 1981. Dynamic Methodology: Data Assimilation Method [M]. Berlin: Springer-Verlag.

[69] Bennett A F. 1992. Inverse Methods in Physical Oceanography [M]. New York, US: Cambridge University Press.

[70] Bennett F, Thorburn M A. 1992. The generalized inverse of a nonlinear quasigeostrophic ocean circulation model [J]. J. Phys. Oceanogr., 22: 213-230.

[71] Berry P, Marshall J. 1989. Ocean modeling studies in support of altimetry [J]. Dyn. Atmos. Oceans, 13(3-4): 269-300.

[72] Blayo E, Verron J, Molines J M. 1994. Assimilation of TOPEX/POSEIDON altimeter data into a circulation model of the North Atlantic [J]. J. Geophys. Res., 99(C12): 24691-24705.

[73] Bretheerton F P，McWilliams J C. 1980. Estimations from irregular array [J]. Rev. Geophys. Space Phys. , 18：789-812.

[74] Brockman U. 1990. Pelagic Mesocosms：Ⅱ，Process studies [M]//Lalli C M. Enclosed Experimental Marine Ecosystems：A Review and Recommendations. New York：Springer-Verlag，88-108.

[75] Brogueria M J，Oliveira M do R，Cabeçadas G. 2007. Phytoplankton community structure defined by key environmental variables in Tagus estuary, Portugal [J]. Mar. Environ. Res. , 64(5)：616-628.

[76] Carton J A. 1987. How predictable are the geostrophic currents in the recirculation zone of the North Atlantic? [J]. J. Phys. Oceanogr. , 17(6)：751-762.

[77] Chavent G，Dupuy M，Lemmonier P. 1975. History matching by use of optimal theory [J]. Soc. Petroleum Engrs. J. , 15：74-86.

[78] Cheng X，Zeng Y，Guo Z，et al. 2014. Diffusion of nitrogen and phosphorus across the sediment-water interface and in seawater at aquaculture areas of Daya Bay，China [J]. Int. J. Environ. Res. Public Health，11：1557-1572.

[79] Christiansen C，Gertz F，Laima M J C，et al. 1997. Nutrient (P，N) dynamics in the southwestern Kattegat，Scandinavia：sedimentation and resuspension effects [J]. Environmental Geology，29(1-2)：66-77.

[80] Daley R. 1993. Atmospheric data analysis [M]. Cambridge，UK：Cambridge University Press.

[81] Dee D P，Cohn S E，Dalcher A，et al. 1985. An efficient algorithm for estimating noise covariances in distributed systems [J]. IEEE Trans. Control. , 30(11)：1057-1065.

[82] De Mey P，Ménard Y. 1989. Synoptic analysis and dynamical adjustment of GEOS 3 and seasat altimeter eddy fields in the Northwest Atlantic [J]. J. Geophys. Res. , 94(C5)：6221-6230.

[83] De Mey P，Robinson A R. 1987. Assimilation of altimeter eddy fields into a limited-area quasi-geostrophic model [J]. J. Phys. Oceanogr. , 17(12)：2280-2293.

［84］ DiToro D M，Fitzpatrick J J. 1993. Chesapeake Bay sediment flux model ［R］. Vicksburg US：US Army Engineer Waterways Experiment Station.

［85］ Dombrowski E，De Mey P. 1992. Continuous assimilation in an open domain of the northeast Atlantic：1. Methodology and application to AthenA-88 ［J］. J. Geophys. Res. ，97：9719-9731.

［86］ Ehrendorfer M，Errico R M. 1995. Mesoscale predictability and the spectrum of optimal perturbations ［J］. J. Atmos. Sci. ，52：3475-3500.

［87］ Ekman V W. 1905. On the influence of the earth's rotation on ocean currents ［J］. Arch. Math. Astron. Phys，2(11).

［88］ Escaravage V，Prins T C，Smaal A C，et al. 1996. The response of phytoplankton communities to phosphorus input reduction in mesocosm experiments ［J］. J. Exp. Mar. Biol. Ecol. ，188(1)：55-79.

［89］ Ferrari V C，Hollibaugh J T. 1999. Distribution of microbial assemblages in the Central Arctic Ocean Basin studied by PCR/DGGE：analysis of a large data set ［J］. Hydrobiologia，401：55-68.

［90］ Fukumori I，Benveniste J，Wunsch C，et al. 1993. Assimilation of sea surface topography into an ocean circulation model using a steady-state smoother ［J］. J. Phys. Oceanogr. ，23：1831-1855.

［91］ Fukumori I，Malanotte-Rizzoli P. 1995. An approximate Kalman filter for ocean data assimilation：a reduced-dimension，static，linearized Kalman filer ［J］. J. Geophys. Res. ，100(C4)：6779-6793.

［92］ Gaspar P，Wunsch C. 1989. Estimates from altimeter data of barotropic rossby waves in the Northweatern Atlantic Ocean ［J］. J. Phys. Oceanogr. 19(12)：1821-1844.

［93］ Ghil M，Malanotte-Rizzoli P. 1993. Data assimilation in meteorology and oceanography ［J］. Adv. Geophys. ，33：141-266.

［94］ Ghil M. 1989. Meteorological data assimilation for oceanographers：description and theoretical framework ［J］. Dynamics of Atomspheres and Oceans，13(3-4)：171-218.

［95］ Glé C，Amo Y D，Sautour B，et al. 2008. Varibility of nutrients and phytoplankton primary production in a shallow macrotidal coastal ecosystem (Arcachon Bay, France) [J]. Estuar. Coast Shelf Sci., 76(3): 642-656.

[96] Guandian L S. 1959. The problem of optimal interpolation [J]. Trudy Main Geophys. Obs., 55: 69-76.

[97] Guo J, Dong Y, Lee J H W. 2020. A real time data driven algal bloom risk forecast system for mariculture management [J]. Marine Pollution Bulletin, 161 (B): 111731.

[98] Guo Z. 2014. Marine spatial planning for fisheries management and biodiversity conservation: More to be done [J]. J. Mar. Biol. Ass. India, 56 (1): 46-50.

[99] Haines K. 1991. A direct method of assimilating sea surface height data into ocean models with adjustments to the deep circulation [J]. J. Phys. Oceanogr., 21(6): 843-868.

[100] Heiskanen A S, Tallberg P. 1999. Sedimentation and particulate nutrient dynamics along a coastal gradient from a fjord-like bay to the open sea [J]. Hydrobiologia, 393: 127-140.

[101] Henderson-Seller B, Markland H R. 1987. Decaying Lakes: The Origins and Control of Cultural Eutrophication [M]. New York, US: John Wiley and Sons.

[102] Holland W R, Zlotnicki V, Fu L L. 1991. Modelled time dependent flow in the Agulhas retroflection region as deduced from altimeter data assimilation [J]. S. African J. Marine Sci., 10: 407-427.

[103] Houghton J. 1991. The Bahesian Lecture, 1991 The predictability of weather and climate [J]. Philos. Trans. R. Soc. London A, 337: 521-572.

[104] Huang C, Chen Y, Zhang S, et al. 2018. Detecting, extracting, and monitoring surface water from space using optical sensors: a review [J]. Reviews of Geophysics, 56(2): 333-360.

[105] Hurlburt H E, Fox D N, Metzger E J. 1990. Statistical inference of weakly correlated subthermocline fields from satellite altimeter data [J]. J. Geophys. Res., 95(C7): 11375-11409.

［106］Katsev S，Tsandev I，L'Heureux I，et al. 2006. Factors controlling long-term phosphorus efflux from lake sediments：exploratory reactive-transport modeling ［J］. Chemical Geology，234(1-2)：127-147.

［107］Kirchman D L，Wheeler P A. 1998. Uptake of ammonium and nitrate by heterotrophic bacteria and phytoplankton in the sub-Arctic Pacific ［J］. Deep-Sea Research Part Ⅰ：Oceanographic Research Papers，45（2-3）：347-365.

［108］Koshikawa H，Harada S，Watanabe M，et al. 1996. Relative contribution of bacterial and photosynthetic production to metazooplankton as carbon sources ［J］. J. Plankton Res. ，18（2）：2269-2281.

［109］Köster M，Dahlke S，Meyer-Reil L. 1997. Microbiological studies along a gradient of eutrophication in a shallow coastal inlet in the southern Baltic Sea（Nordrugensche Bodden）［J］. Mar. Ecol. Prog. Ser. ，152(1-3)：27-39.

［110］Lallias-Tacon S，Liébault F，Piégay H. 2017. Use of airborne LiDAR and historical aerial photos for characterising the history of braided river floodplain morphology and vegetation responses ［J］. Catena，149（3）:742-759.

［111］Lee J H W，Guo J H，Chan T S N，et al. 2020. Real time forecasting and automatic species classification of harmful algal blooms（HAB）for fisheries management ［J］. Hydrlink，（4）：109-113.

［112］Leff L G，Brown B J，Cemke M J. 1999. Spatial and temporal changes in bacterial assembles of the Cuyahoga River ［J］. Ohio J. Sci. ，99(3)：44-48.

［113］Lijklema L. 1980. Interaction of orthophosphate with iron（Ⅲ）and aluminum hydroxides ［J］. Environmental Science Technology，14(5)：537-541.

［114］Lorenc A C. 1995. Atmospheric data assimilation ［J］. Forecasting Research Division Scientific Paper. No. 34.

［115］Lorenz E N. 1975. Climate predictability：the physical basis of climate modeling [J]. WMO，GARP Pub. Ser.，16：132-136.

[116] Lorenz E N. 1963. Deterministic nonperiodic flow [J]. J. Atmos. Sci.，20(2)：130-141.

[117] Lorenzen M W. 1975. Predicting the effects of nutrient division on lake recovery [M]//Middlebrooks E J，Falkenberg D H，Maloney T E. Modeling the Eutrophication Process. Michigan，US：Ann Arbor Science Publishers Inc.

[118] Marchuk G I. 1974. Numerical solution of the problems of the dynamics of the atmosphere and ocean [M]. Leningrad，US：Gidrometeoizadat.

[119] Marinelli R L，Jahnke R A，Craven D B，et al. 1998. Sediment nutrient dynamics on the South Atlantic Bight continental shelf [J]. Limnology and Oceanography，43(6)：1305-1320.

[120] Martel F，Wunsch C. 1993. Combined inversion of a finite difference model and altimeter sea surface topography [J]. Man. Geod.，18(4)：219-226.

[121] Mchenga I S S，Tsuchiya M. 2008. Nutrient dynamics in mangrove crab burrow sediments subjected to anthropogenic input [J]. Journal of Sea Research，59(1-2)：103-113.

[122] Mellor G L，Ezer T. 1991. A Gulf Stream model and an altimetry assimilation scheme [J]. J. Geophys. Res.，96(C5)：8779-8795.

[123] Mesnage V，Ogier S，Bally G，et al. 2007. Nutrient dynamics at the sediment-water interface in a Mediterranean lagoon(Thau，France)：influence of biodeposition by shellfish farming activities [J]. Marine Environmental Research，63(3)：257-277.

[124] Milašinović M，Prodanović D，Zindović B，et al. 2020. Fast data assimilation for open channel hydrodynamic models using control theory approach [J]. Journal of Hydrology，584：124661.

[125] Miller J A. How smart water makes cities more transparent [EB/OL]. (2020-02-27) [2020-12-20]. http://statetechmagazine. com/article/2020/02/how-smart-water-makes-cities-more-transparent-perfcon.

[126] Miller R N. 1989. Direct assimilation of altimetric differences using the

Kalman filter [J]. Dyn. Atmos. Oceans, 13(3-4): 317-333.

[127] Miller R N, Ghil M, Gauthiez F. 1994. Advanced data assimilation in strongly non-linear dynamical systems [J]. J. Atmos. Sci. , 51(8): 1037-1056.

[128] Olli K, Heiskanen A S, Seppälä J. 1996. Development and fate of *Eutreptiella gymnastica* bloom in nutrient-enriched enclosures in the coastal Baltic Sea [J]. J. Plankton Res. , 18(9): 1587-1604.

[129] Otsukia W G. 1972. Co-precipitation of phosphate with carbonates in a marl lake [J]. Linnol. Ocenanogr. , 17: 763-767.

[130] Palmer T N. 1993. Extended-range atmospheric prediction and the Lorenz mode [J]. Bull. Am. Mererol. Soc. , 74(1): 49-65.

[131] Panchang V G, O'Brien J J. 1989. On the determination of hydraulic model parameters using the adjoint state formulation [M]//Modelling Marine System. Davies A M. Beca Rayon, US: CRC Press.

[132] Petri I, Yuce B, Kwan A, et al. 2018. An intelligent analytics system for real-time catchment regulation and water management [J]. IEEE Transactions on Industrial Informatics, 14(9): 3970-3981.

[133] Piégay H, Arnaud F, Belletti B, et al. 2019. Remotely sensed rivers in the Anthropocene: state of the art and prospects [J]. Earth Surface Processes and Landforms, 45(1): 157-188.

[134] Pomeroy L R, Williams P J, Azam F, et al. 2007. The microbial loop [J]. Oceanography, 20(2): 28-33.

[135] Qiu Y. 2001. The characteristics of nutrients variation in the Daya Bay [J]. Acta Oceanol. Sin. , 23: 85-93.

[136] Redfield A. 1934. On the proportions of organic derivations in the sea water and their relation to the composition of plankton [M]//Daniel R J. James Johnstone Memorial Volume. Warrington, UK: University Press of Liverpool, 177-192.

[137] Robinson A R, Lermusiaux P F J. 2000. Overview of data assimilation [R]. Harvard Reports in Physical/Interdisciplinary Ocean Science. No. 62. August.

[138] Robinson A R，Walstad L J，Calman J，et al. 1989. Frontal signals east of Iceland from the GEOSAT altimeter [J]. Geophys. Res. Lett.，16(1)：77-80.

[139] Rosenberg G，Probyn T A，Mann K H. 1984. Nutrient uptake and growth kinetics in brown seaweeds：response to continuous and single additions of ammonium [J]. J. Exp. Mar. Biol. Ecol.，80（2）：125-146.

[140] Ryther J H，Dunstan W M. 1971. Nitrogen，phosphorous，and eutrophication in the coastal marine environment [J]. Science，171 (3975)：1008-1013.

[141] Schultz P，Urban N R. 2008. Effects of bacterial dynamics on organic matter decomposition and nutrient release from sediments：a modeling study [J]. Ecological Modeling，210(1-2)：1-14.

[142] Segschneider J，Alves J，Anderson D，et al. 1999. Assimilation of TOPEX/POSEIDON data into a seasonal forecast system [J]. Phys. Chem. Earth(A)，24(4)：369-374.

[143] Sheinin D A，Mellor G L. 1994. Predictability studies with a coastal forecast system for the U. S. east coast [J]. EOS，Trams. Am. Geophys. Union，Spring Meet，75(16).

[144] Smedstad O M，Fox D N. 1994. Assimilation of altimeter data in a two-layer primitive equation model of the Gulf Stream [J]. J. Phys. Oceanogr.，24：305-325.

[145] Smits J G C，Molen D T. 1993. Application of SWITCH，a model for sediment-water exchange of nutrients，to Lake Veluwe in the Netherlands [J]. Hydrobiologia，253（2）：281-300.

[146] Spatharis S，Tsirtsis G，Danielidis D B，et al. 2007. Effects of pulsed nutrient inputs on phytoplankton assemblage structure and blooms in an enclosed coastal area [J]. Estuar. Coast Shelf Sci.，73（3-4）：807-815.

[147] Stommel H. 1965. The Gulf Stream [M]. 2nd ed. Berkeley，US：University of California Press.

[148] Sverdrup H U，Johnson M W，Fleming R H. 1942. The Oceans：Their Physics，Chemistry，and General Biology [M]. Englewood Cliffs，US：Prentice-Hall.

[149] Taylor D I，Nixon S W，Granger S L，et al. 1995. Responses of coastal lagoon plant communities to different forms of nutrient enrichment—a mesocosm experiment [J]. Aquat. Bot.，52（1-2）：19-34.

[150] Thacker W C，Long R B. 1988. Fitting dynamics to data [J]. J. Geophys. Res.，93：1227-1240.

[151] Thiebaux H J. 1976. Anisotropic correction functions for objective analysis [J]. Mon. Wea. Rev.，104：994-100.

[152] Thouvenot M，Billen G，Garnier J. 2007. Modelling nutrient exchange at the sediment-water interface of river systems [J]. Journal of Hydrology，341(1-2)：55-78.

[153] Verron J. 1990. Altimeter data assimilation into ocean model：sensitivity to orbital parameters [J]. J. Geophys. Res.，95：11443-11459.

[154] Verron J，Molines J M，Blayo E. 1992. Assimilation of Geosat data into a quasi-geostrophic model of the North Atlantic between 20° and 50° N：preliminary results [J]. Oceanologica Acta，15(5)：575-583.

[155] Verron J. 1992. Nudging satellite altimeter data into quasi-geostrophic ocean models [J]. J. Geophys. Res.，97(C5)：7479-7492.

[156] von Schwind J J. 1980. Geophysical Fluid Dynamics for Oceanographers [M]. Englewood Cliffs，US：Prentice-Hall.

[157] Wang C H，Chen J F，Xu N，et al. 2005. Dynamics on cell densities of diatom，dinoflagellate and relationship with environmental factors in Aotou area，Daya Bay，South China Sea [J]. Oceanol. Limnol. Sin.，36(2)：186-192.

[158] Wang H，Appan A，Gulliver J S. 2003. Modeling of phosphorus dynamics in aquatic sediments：II—examination of model performance [J]. Water Research，37：3939-3953.

[159] Wang H，Appan A，Gulliver J S. 2003. Modeling of phosphorus dynamics in aquatic sediments：Ⅰ—model development [J]. Water Research，37：3928-3938.

[160] Wang Y J，Hong H S，Wang D Z，et al. 2008. Response of phytoplankton to nutrients addition in the upwelling regions of the Taiwan Strait [J]. Acta Ecol. Sin.，28(3)：1321-1327.

[161] White W B，Tai C K. 1990. Dimento J. Annual rossby wave characteristics in the California current region from the GEOSAT exact repeat mission [J]. J. Phys. Oceanogr.，20(9)：1297-1311.

[162] White W B，Tai C K，Holland W R. 1990. Continuous assimilation of Geosat altimetric sea level observations into a numerical synoptic ocean model of the California current [J]. J. Geophys. Res.，95(C3)：3127-3148.

[163] White W B，Tai C K. 1990. Reflection of interannual rossby waves at the maritime western boundary of the tropical Pacific [J]. J. Geophys. Res.，95(C3)：3101-3116.

[164] Whitman W B，Coleman D C，Wiebe W J. 1998. Prokaryotes：the unseen majority [J]. PNAS，95(6)：578-583.

[165] Wong K T M，Lee J H W，Harrison P J. 2009. Forecasting of environmental risk maps of coastal algal blooms [J]. Harmful Algae，8(3)：407-420.

[166] Wunsch C. 1988. Transient tracers as a problem in control theory [J]. J. Geophys. Res.，93(C7)：8099-8110.

[167] Xu Z，Guo Z，Xu X，et al. 2014. The Impact of nutrient enrichment on phytoplankton and bacterioplankton community during a mesocosm experiment in Na'ao of Daya Bay [J]. Marine Biology Research，10(4)：374-382.